家用咖啡器具
簡史、沖煮、保養指南

COFFEE TOOLS

朴成圭、Samuel Lee：著

前言

愛上咖啡，源於偶然間走進的一家小咖啡館裡所喝到的一杯美式咖啡。雖然在此之前喝咖啡的經驗少，但絕佳的風味帶給我非常大的震撼。此後自然而然常去造訪，沒多久就和老闆混到臉熟，也自然成了小咖啡館的常客。老闆把我當成聊天夥伴，以咖啡話家常，託了老闆的福，讓我深深迷上了過去一無所知的咖啡世界。每次去咖啡館，總能品嘗到新產地的咖啡，也能喝到使用滴濾壺、冰滴壺、摩卡壺等各種器具所萃取出來的咖啡；正因接觸到各國不同產地的咖啡，以及各式各樣器具，於是讓我窺探到謎樣的咖啡新世界。

即使是最簡單的手沖咖啡，就算使用同樣的咖啡豆，但萃取者不同，咖啡的滋味也各有千秋。從這時起，我慢慢體會到咖啡會隨著產地、種類、烘焙程度、萃取器具，以及萃取者的手法，而出現千變萬化的口感。過去，我一直以為只有通過證照考試的咖啡師才能萃取出好的咖啡，但其實依器具種類不同，只要熟悉幾項要點，即使沒有咖啡師執照，任何人都能萃取出美味的咖啡。隨著品嘗的次數越多，就能發覺每杯咖啡的優缺點，能評價咖啡滋味，挑出缺點所在，過程不難也非常愉快。

歲月如梭，我開了一家名為「咖啡課題」的咖啡館，教授咖啡知識給許多喜歡咖啡的朋友們，他們也像當初的我一樣，明白了咖啡其實很簡單。這些朋友們在學習之後，不管在家裡、辦公室裡，甚至出差旅行在外，都能享受美味的咖啡；有些發燒友們甚至還自己開了咖啡館。這些沒有去考咖啡師證照、卻對咖啡深深著迷的人，全都異口同聲地說：「咖啡，其實並不難！」

萃取美味的咖啡,以技術性來表達,就是挑選自己所喜愛的咖啡豆,再依其特性選擇適當的器具,調整口味變數後所萃取出來的咖啡。即使是相同產地莊園的咖啡豆,也會依所使用的沖煮器具,散發出各有特色的風味。因此在咖啡生活中,器具的重要性僅次於咖啡豆。這本書選擇11種受到全世界矚目的咖啡器具,內容不僅包括器具的歷史、有趣的小故事、使用方法、購買與保管,還涵蓋了器具發明者、專家訪談、實際使用評價等等,本書的目的在於協助讀者在家就能自行萃取出美味的咖啡。

書店裡咖啡相關書籍多得驚人,不乏從各個角度詳細闡釋,相較之下,以咖啡器具為主題的這本書,就顯得相當特殊,但若讀者們能透過本書簡單的歸納,對咖啡器具有更深一層的認識,萃取出自己最喜愛的咖啡風味,這本書就算起到了作用。也衷心希望讀者們享受更愉快的咖啡生活。

2016年3月朴成圭、Samuel Lee

目次

MOKAPOT 摩卡壺

「想在家品味咖啡的人，全都買這款？」

正打算開始 home cafe 的K先生，看到某咖啡館裡作為室內擺設陳列的摩卡壺，馬上就這麼問。摩卡壺，雖然在咖啡館裡往往變成擺設，但仍舊稱得上是居家咖啡器具的帶頭者，即使是對家用咖啡器具不太熟悉的人，也馬上認得出來。我們就來認識一下這熟悉又陌生的傢伙吧！

品名：比亞樂堤（Bialetti）經典摩卡壺1杯份

材質：鋁材、橡膠製

尺寸（長×寬×高）：165×65×130mm

粉槽直徑：46mm

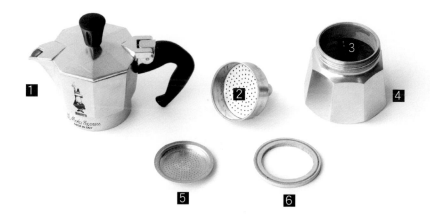

1.**上壺**：摩卡壺的上半部，盛裝萃取出的咖啡液。

2.**粉槽**：裝置在下壺處，放置咖啡粉的地方。

3.**安全閥**：負責將壓力控制在一定範圍內。

4.**下壺**：摩卡壺的下半部，裝水用。

5.**濾盤**：過濾咖啡粉末的鐵製孔盤。

6.**橡膠墊圈**：固定濾盤，避免摩卡壺內的水或蒸氣外洩的橡膠圈。

1918年，義大利北部皮埃蒙特省（Piemonte）的小都市奧梅尼亞（Omegna），經營鋁工廠的阿方索·比亞樂堤（Alfonso Bialetti），發現工廠附近的婦女們多使用一種名為Liciveuse的舊式洗衣機。這種洗衣機的特色在於利用蒸氣壓力，將鍋爐底部的肥皂水從中央導管裡擠壓而出，向外噴灑來洗淨衣物。他由此得到了靈感，將其原理嫁接到煮咖啡的器具上。經過比亞樂堤的研發，名為「摩卡壺（MOKA EXPRESS）」的咖啡器具在1933年終於問世。從此以後，摩卡壺以其實用性和低廉的價格，遍布義大利90%的家庭，對義式濃縮咖啡的普及有很大的貢獻。

居家咖啡館的代表器具

摩卡壺被發明之前，咖啡是在咖啡館裡社交聚會的男性們才能享用的飲料，但隨著摩卡壺的普及，在家就可以享用的居家咖啡文化，以女性為中心逐漸擴散。摩卡壺就像手沖滴濾壺一樣，不需要什麼技巧，因此成為想在家品味咖啡的人們趨之若鶩的器具。雖然隨著愛樂壓（Aeropress）的問市，摩卡壺的地位遭受到威脅，但對於剛開始嘗試「居家咖啡館」的人們來說，仍舊是最具吸引力的器具。

連戰爭也無法剝奪的咖啡時光

義大利軍隊的餐飲出了名的豪華，甚至有人說，義大利在二次世界大戰之所以會慘敗，原因就出於飲食上。看英國隨軍記者亞蘭・穆爾黑德（Alan Moorehead）的《非洲隨軍記三部曲》，就會發現這個說法雖然令人驚訝卻一點也不誇張。亞蘭在自己親身採訪的「羅盤行動」（譯註：英軍於1940年12月針對義大利軍隊在北非發動的戰爭）裡，報導了只有3萬人的英國部隊，殲滅了13萬人的義大利部隊，而在這場大勝中，也目睹了深具衝擊性的場景。義大利軍的營房裡，隨處可見各種義大利麵條、壓縮的脫水蔬菜、帕馬森起司（Parmesan Cheese）、葡萄酒等食物；甚至士兵們還會在飯後，以各自攜帶的小摩卡壺為自己煮上一杯義式濃縮咖啡作為一餐的結束。就算是戰爭，也無法剝奪義大利人喝一杯咖啡的閒暇。

追求「克力瑪」

咖啡館裡所使用的咖啡萃取機，一般都是以9bar（壓力單位）的高壓來萃取濃縮咖啡液，因此上面會覆蓋一層金黃色的泡沫。這層細緻的泡沫稱為克力瑪（Crema），也就是咖啡脂，被視為是新鮮濃縮咖啡液的標準。

但是摩卡壺只能以1～2bar的低壓來萃取濃縮咖啡，很少出現細沫。因此對於重視克力瑪的人來說，摩卡壺就不具太大的吸引力。後來比亞樂堤公司在原有的摩卡壺裡加入壓力錘，以4bar的壓力來萃取濃縮咖啡液，開發出名為「BRIKKA」的加壓式摩卡壺。這項新產品雖然還不夠完美，但也足以讓人們在家享受義式濃縮咖啡的香醇滋味，因此深受好評，也為摩卡壺的克力瑪之爭畫下休止符。

再來一杯義式濃縮咖啡

比亞樂堤的摩卡壺上印了一個八字鬍紳士，他高舉一根手指——這是阿方索·比亞樂堤的兒子雷納度（Renato Bialetti）繪於1958年的Q版老爸。高舉一根手指頭的姿態，表示「再來一杯義式濃縮咖啡」的意思，利用這個Q版形象打出的電視廣告，馬上成了熱門焦點，也大大地帶動了摩卡壺的銷售量。

沉睡在摩卡壺裡的男人

2016年3月11日，義大利的一家天主教聖堂中，舉行了一場別開生面的葬禮彌撒，遺族們對著一個巨大的摩卡壺，難掩心中的悲傷沉痛。奇妙的是，他們前面沒有棺槨，竟然只有一個摩卡壺——這個特製的摩卡壺，就是在高齡93歲去世的雷納度·比亞樂堤的骨灰罈。比亞樂堤公司的掌門人雷納度，不僅是摩卡壺發明者阿方索·比亞樂堤之子，也是將摩卡壺事業擴展到全世界的人。葬禮中以摩卡壺作為骨灰罈，乃是根據雷納度·比亞樂堤生前的遺囑，由此也可看出這個將摩卡壺從義大利推向全世界的男人，對摩卡壺深深的愛戀。

小心！ 咖啡炸彈

搜尋網路上的摩卡壺使用評價內容，偶爾可見摩卡壺爆開，
或咖啡全都煮焦的抱怨文。濃縮咖啡是在高壓下萃取，如果
不能適當調節壓力，就可能碰上這種「炸彈」。但不用緊張，只
要記得下列四項要點，就不會出現如此的失誤。

1.上壺和下壺緊密接合。

2.適量的咖啡豆。

3.適當的火焰強度，不要超過摩卡壺底座範圍。

4.要有耐心看著摩卡壺，直到咖啡液被萃取出來。

暖身！用老豆試煮

摩卡壺因是以金屬材質製作而成，不免會沾上金屬粉末或油氣。因此摩卡壺購買後，在使用前必須先簡單地清洗、晾乾。而在正式使用之前，可先利用一些老豆做2～3次的萃取測試，按照一般摩卡壺的使用方法沖煮濃縮咖啡，但不要拿來飲用。

必備！圓形爐架

大多數購買摩卡壺的人都會犯的失誤，就是沒有買爐架。（譯註：使用瓦斯爐就採用平的圓形爐架，使用酒精燈則用三腳爐架）。大部分的摩卡壺底座，和我們平時所使用的瓦斯爐鍋架大小不一致，如果貿然放上去使用，會發生摩卡壺沒多久就燒乾的情形，因此，想在家品味咖啡而購買摩卡壺，別忘了一併購買圓形爐架。

預備用品

摩卡壺、圓形爐架（三腳）、瓦斯爐（酒精燈）、水（一人份約75ml，二人份約110ml）、小湯匙、咖啡粉（適用摩卡壺的粗細：比濃縮咖啡機要稍微粗一點的程度／一人份約7g，二人份約12g）　＊譯注：磨豆機因為校準和磨損程度不同會有些微差異，如使用小飛馬或小飛鷹等品牌磨豆機，可以從最細的刻度試起。

1. 上、下壺身拆解後，在下壺內注滿水，但以不超過安全閥下限為準。使用熱水可以縮短萃取時間，但注入熱水時，下壺身會變得滾燙，最好戴上手套或以毛巾包覆後再握住。

2. 將研磨咖啡粉填進粉槽，再放進下壺中。這時要注意，不要用力壓實，以免萃取不完全。咖啡粉的量約莫和粉槽高度持平即可。

3. 輕輕去除殘留在粉槽邊緣和下壺壺口部分的咖啡粉渣之後，將上下壺身扭緊接合。但注意不要握著壺把旋轉接合，以免損壞把手。

4. 將圓形爐架（三腳）放在瓦斯爐（酒精燈）上，再將摩卡壺上蓋打開放在爐架上。瓦斯爐的爐火控制在不超過摩卡壺底座範圍內。

5. 咖啡液萃取至上壺一半程度的時候，關閉爐火，以免焦味過濃。關火的同時，蓋上蓋子，可防止萃取到了最後階段咖啡液四濺。就算此時關火，壺內夠高的溫度也足夠持續到萃取完成。

6. 以小湯匙攪拌萃取出來的濃縮咖啡，讓咖啡液上下層味道能均勻混合。然後再依照個人喜好，可直接品味，或加水、牛奶、冰淇淋等搭配飲用。

關火時機 ＝ 獨家風味

使用摩卡壺萃取濃縮咖啡的時候，一開始會散發濃郁的香氣，萃取初期會出現刺激性的酸味或較濃的稠度（body，指咖啡入口後，重量、質量讓舌頭所感受到的厚實、濃稠口感）。中間會出現酸、苦均衡的味道和適當的稠度，萃取到最後則出現強烈的苦味。也就是說，依照關火時機的不同，可以品嘗到不同滋味的濃縮咖啡。

整體來說，濃縮咖啡萃取到中間程度的時候關火，是最恰當的時機。但亦可依照個人喜好，尋找最適當的關火時機，多嘗試以創造獨家風味的咖啡配方。

濾紙濾出乾淨味

如果在粉槽和下壺之間加上一層濾紙，可過濾咖啡粉渣和咖啡油脂，享受更乾淨的咖啡口感。可購買日本卡利塔（Kalita）公司的摩卡壺專用濾紙，或自己測量一下粉槽直徑，用剪刀修剪滴濾式濾紙使用。

1 價位

〔摩卡壺〕

鋁製材質約 600～1,300 元（1杯份）、不鏽鋼材質約3,000元（4杯份）、加壓摩卡壺約 3,000 元（2杯份）。

〔消耗品〕

依台灣代理商販售之原廠零件，按尺寸、材質的不同，價格各異。

粉槽：約 300元～500 元。

壺把：約 300元～450 元。

墊圈：約 300元～450 元。

2 保存

1. 不管是鋁製或不鏽鋼，雖然存在程度上的差異，但如果使用不當，都是會生鏽的材質，摩卡壺壽命長短便在於水氣是否完全晾乾。雖然有人建議上下壺不要接合在一起存放，但大部分的人還是喜歡將兩者組合在一起保管，所以最好先用乾毛巾或廚房紙巾完全擦乾水氣。而陶瓷摩卡壺則要特別注意，小心輕放以免造成破損。

2. 鋁製摩卡壺若被銹蝕，產生白化現象，就會出現白斑點，也就是鋁銹。鋁銹一旦現身，便會連續出現，勢無法擋的情況下，只能果斷地丟棄。不鏽鋼材質的摩卡壺如果生鏽，可以使用小蘇打粉和鐵刷球輕輕刷洗，就能光亮如新。

〔清洗〕

1. 先等燙手的摩卡壺完全冷卻。
2. 上下壺身拆解開來。
3. 清除粉槽裡的咖啡殘渣時，可以對著粉槽下端圓柱口部分吹氣，就能輕鬆清除乾淨。
4. 以溫水和柔軟的菜瓜布，清洗摩卡壺。（請勿使用洗潔精或清潔劑）
5. 偶爾也需要利用叉子或筷子，將附著在上壺下端的墊圈和濾盤拆解下來清洗。要注意不能太常拆解，以免墊圈變鬆，反而縮短墊圈壽命。
6. 完全晾乾後再收起來。

「咖啡課題」咖啡館裡，使用過摩卡壺的5名職員所做的綜合評價。

使用便利性

■■■□□　3.2　　只要懂得控制研磨度和咖啡量，就不會出現失敗的情況。

清洗保存

■■◨□□　2.6　　想喝一杯咖啡，得把器具完全拆解；喝完之後，又得清洗、擦拭、晾乾，非常費事。

享受樂趣

■■■■◨　3.7　　如果能把咖啡沖煮位置從瓦斯爐移到餐桌上，就算使用上有點麻煩，也會是一段愉快的時光。

經濟性

■■■■◨　4.3　　在家享用濃縮咖啡最經濟的方法。

外型設計

■■■■◨　4.5　　大小尺寸各具獨特魅力。

推薦配方　　　　　　　　　　　　　　RECOMMEND RECIPE

美式咖啡

以摩卡壺萃取的濃縮咖啡液，比從濃縮咖啡機所萃取的咖啡味道相對要淡，最適合調製美式咖啡飲用。

烘焙

咖啡果核一般稱為咖啡生豆（coffee bean），根據不同的烘炒方式，會呈現出不同的咖啡風味。烘炒咖啡生豆的過程，通常以「烘焙生豆」或日本式的說法「焙煎」來表示。生豆烘焙時，會發生許多化學性、物理性的變化。烘焙的方式分直火式與熱風式兩種，也有兩種混合的方式，之間的差別就像烤肉時使用木炭或烤箱烤出來的肉味會有不同，烘焙時使用熱源不同，也會使味道出現多重變化。

烘焙就是要理解這些過程，掌握住各種生豆的特性，才能找出口味最佳的烘焙度，我們稱之為掌握「最佳烘焙時機」。有些生豆只需要淺焙，有些需要深焙，就算是相同的生豆，有人喜歡深焙的味道，有人喜歡淺焙的口感，正因為沒有定論，才會有許多人認為咖啡是一門艱深的學問。烘焙在無法滿足所有人的情況下，就需要有自己的獨家哲學。烘焙沒有絕對值，依循個人所追求的風味型態來決定。A咖啡館的肯亞AA咖啡豆和B咖啡館的肯亞AA咖啡豆，所萃取出來的咖啡風味各有不同，原因就在這裡。

生豆烘焙時，依烘焙程度的不同，淺焙最能保留咖啡的獨特性，以清澈明亮的酸為主；中焙則凸顯出咖啡的香氣和稠度；深焙會使咖啡豆的苦澀味和甜味變強，而掩蓋住其他特性。咖啡豆的烘焙程度，由烘豆師決定，因此若能遇上與自己喜好接近的烘豆師，就能邂逅適合自己口味的咖啡豆。購買咖啡豆時，對不同程度的烘焙，可以有不同的期待，近年流行的第三波精品咖啡，便充分展現出咖啡特色，大多趨向於追求酸味較強的淺焙。

© photo by kris krüg

ESPRO PRESS 法式雙層濾壓壺

「我看過這個，泡茶用的器具，對吧？還是壓奶泡用的？」

法式濾壓壺（French Press），以前看過，有點眼熟，用法似乎也不難，真正用過的人卻不多。能萃取出咖啡最原始風味的法式濾壓壺，層層進化後，就出現了如今的 ESPRO PRESS 法式雙層濾壓壺。現在就讓我們來瞧瞧最新的法式濾壓壺——ESPRO PRESS 的魅力吧！

品名：ESPRO PRESS 法式雙層濾壓壺

材質：1.壺身 / 不鏽鋼

2.濾網 / 聚丙烯、聚丙烯月青、合成橡膠、矽膠

尺寸（直徑×壺身×整體）：

1.小（8oz） / 75×180×200mm

2.中（18oz） / 90×210×230mm

3.大（32oz） / 105×230×250mm

製造廠商：ESPRO INC.（加拿大）

1.**壺身**：裝研磨咖啡粉和水的金屬容器。

2.**壓把**：咖啡萃取時以手下壓的部分。

3.**壓把螺絲**：將壓把和上層濾網中央的螺絲結合在一起的部位，
按照螺絲公母接合方式旋轉即可接合。

4.**O型環（O-ring）**：作用在於讓上層濾網與下層濾網能輕巧地接合在一起。

5.**下層濾網**：申請專利中的雙層濾網，細密的濾網結構，為普通濾網的9～12倍，
可充分過濾掉咖啡粉渣。

6.**上層濾網**：申請專利中的雙層濾網，細密的濾網結構，為一般法式濾壓壺濾網
的9～12倍，可充分過濾掉咖啡粉渣。

7.**密封圈（Lip Seal）**：套在濾網邊緣的橡膠圈，在按壓濾網時，起到緩減下壓速
度的作用。

© photo by Kris Atomic

根據文獻上的記載，1852年法國的梅爾 (Mayer) 和德佛志 (Delforge) 以布罩金屬板做成濾網，研發出最早的濾壓壺。但以當時的技術，無法讓濾網和壺內部完美吻合；直到1929年義大利設計師安提利歐‧卡利馬利 (Atillio Calimani) 在濾網邊緣套上橡膠圈，才解決了這個問題。卡利馬利以此申請專利的同時，也引出了「法國人發明的咖啡器具，專利權卻授予義大利人」的一大諷刺。

此後法式濾壓壺又陸續在1935年義大利的布魯諾‧卡索 (Bruno Cassol)，以及1958年法列羅‧本大明 (Faliero Bondanin) 的改良下，重新在法國流行起來。這時，被正式稱為法式濾壓壺 (French Press) 的咖啡器具，由法國的BODUM公司製造生產，並推廣到全世界。

2004年，加拿大的布魯斯‧康斯坦丁 (Bruce Constantine) 和克里斯‧麥克連 (Chris Mclean) 聯手製造的最先進法式濾壓壺—— ESPRO PRESS 問世。ESPRO PRESS採用雙層不鏽鋼壁 (Stainless Double Wall) 和雙重過濾網 (Micro-filter)，能長久保持咖啡更豐富、乾淨的滋味。也因為這個優點，才讓一九〇〇年代的法式濾壓壺風潮得以再現。最近也透過群眾集資 (Crowdfunding) 平台業者Kickstarter公司，開始銷售法式雙層濾壓隨行杯「ESPRO TRAVEL PRESS」。

星巴克執行長喜愛的咖啡器具

星巴克執行長霍華·舒茲（Howard Schultz）在一次訪談中被問到最喜歡哪種咖啡時，回答「法式濾壓壺所萃取的咖啡」，同時指著法式濾壓壺稱讚說：「是人類所知最精緻的咖啡」。據說，他每天清晨散步回家之後，會喝一杯由BODUM公司的法式濾壓壺所萃取的咖啡。而顯然是為了執行長的喜好，BODUM法式濾壓壺幾乎在星巴克店裡都能輕鬆買到。

霍華舒茲的咖啡配方：放入2小匙蘇門答臘研磨咖啡粉，剛好可萃取出一杯的份量，再將剛滾開的熱水注入法式濾壓壺中。以小匙攪拌均勻，讓咖啡粉和水能充分混合。靜置3～4分鐘之後，壓下濾網壓把，萃取出咖啡。

© photo by Bryan Mills

簡單的動作，不簡單的味道

法式濾壓壺和手沖滴濾咖啡不同，不需要高深的技術，可說是最輕鬆簡單的咖啡器具。只要放入咖啡粉，注入滾水之後，等待一定的時間，再壓下濾網過濾咖啡粉渣，就能完成一杯美味的咖啡。比起使用濾紙的手沖咖啡，法式濾壓壺因使用不鏽鋼濾網過濾咖啡粉，咖啡中所萃取出的所有成分幾乎都可原汁原味地品嘗到，更能享受咖啡豐富的口感和風味。

事實上2013年世界盃咖啡沖煮大賽（World Brewers Cup Competition，利用濃縮咖啡機以外的任何方法來萃取咖啡的競賽）中，韓國籍咖啡師使用「ESPRO PRESS」獲得了亞軍。法式濾壓壺的一大特徵就是能充分保留咖啡豆的原味，因此使用越好的咖啡豆就能品嘗到越美味的咖啡。

加拿大製造

ESPRO PRESS的價格會比一般法式濾壓壺貴的原因，並不僅僅在於其具有高效保溫力和使用鋼質濾網而已，一般的法式濾壓壺通常只有圖型或設計在母國執行，生產製造就交由中國等地的業者代工（OEM），自然能壓低成本；但ESPRO PRESS從設計到生產製造，全部的過程都是在加拿大進行，價格因此居高不下。

連續殺人魔也愛喝的咖啡！

美劇《夢魘殺魔（Dexter）》以感性的片頭聞名，片頭描述原本專門追殺連續殺人犯，自己也成了連續殺人犯的主角德克斯特每天早上的作息。吃完早餐之後，德克斯特就會研磨咖啡豆，再用法式濾壓壺為自己沖煮一杯咖啡，這段片頭一直出現到第八季結束為止。

一箭三雕

1. 泡茶

不放咖啡粉，改放茶葉的話，就是一個很好的泡茶器具。每一小匙茶葉，注入250ml的熱水，靜置1～2分鐘之後壓下過濾網，就能喝到一杯好茶。

2. 壓奶泡

注入溫熱的牛奶，把濾網當成幫浦連續按壓的話，就能製造出綿密的奶泡。

3. 浸泡式冰釀咖啡

放入現有配方約1.5倍左右的研磨咖啡粉和冷水之後，均勻攪拌。靜置12個小時，再攪拌一次，然後再等2個小時之後，壓下濾網，倒出咖啡液，就能品嘗一杯可口的浸泡式冰滴咖啡。

不可放在雙層濾網之間

ESPRO PRESS S號的上層濾網和下層濾網的外型,與M號和L號的濾網不同。把上下層濾網拆開來看的話,會讓人誤以為中間的空間是要放咖啡粉的地方,其實這是為了完整過濾咖啡粉渣才設計出來的樣式。但是初次使用的人,很多都會在觀察一番之後,誤將咖啡粉放入這個空間,造成萃取出來的咖啡液裡,混雜了大量的粉末,出現難以下嚥的悲慘情況。

壺蓋還是很燙的

ESPRO PRESS 壺身為雙層不鏽鋼結構,中空把手,即使壺身注入熱水,熱度也不會透過壺身傳導到把手上。因為知道這點,有些人反而容易粗心、在不注意的情況下碰觸到壺蓋,手被燙傷。別忘了濾網中間和壺蓋相連的金屬柱,以及壺蓋本身,都是導熱材質。

預備用品

ESPRO PRESS法式雙層濾壓壺、熱水（約攝氏95度）、研磨咖啡粉（研磨度：法式濾壓壺用）、木匙、杯子、細口壺、計時器。

1. 先將熱水注入壺身與杯中溫杯。

2. 倒掉溫杯用熱水之後，將預備好的咖啡粉放入壺中。

3. 慢慢注入熱水到滿水線位置。注入熱水時，很可能會看不清滿水線，因此最好先確定滿水線位置，再慢慢注入熱水。小號法式濾壓壺身內沒有特別標示的滿水線，因此從把手下方往上，注入到3/4位置為止（約300ml）即可。

4. 以木匙均勻攪拌水和咖啡粉，使其充分混合。攪拌的次數越多，越能感受到咖啡的深層風味，但是同時也會使味道變得太濃，根據個人喜好，也可以省略此一步驟。

尺寸	豆量(g)	水量(ml)	滿水線
小(S)	15~20	300	壺把的3/4位置
中(M)	18~27	450	下線
	24~36	600	上線
大(L)	30~45	750	下線
	40~60	1,000	上線

5. 濾網拉高的狀態下(絕對不能讓濾網掉下去!)蓋上壺蓋。此時順便將壺口周圍的咖啡粉末清理掉,萃取時便能最大程度減少咖啡粉渣。

6. 靜置4分鐘,讓咖啡味道充分被萃取出來。

7. 時間到了之後,慢慢壓下濾網。萬一因為內部壓力,濾網壓不下去,可將濾網稍微往上拉提,再輕輕下壓。

8. 倒掉杯中溫杯用的水,再倒入萃取出來的咖啡。最好將壺中咖啡液一次倒光,或事先準備其他容器,以避免咖啡過度萃取。

失敗為完美之母

1.壓下濾網時，如果覺得有阻力，就得將咖啡豆的研磨度調整得更粗一些，或者更仔細地攪拌，讓水和咖啡粉能充分混合。但要注意的是，如果在濾網正要下壓前才攪拌的話，反而會造成咖啡粉渣無法過濾完全。

2.味道如果太淡，可以增加咖啡豆量，延長萃取時間、攪拌次數，將研磨度調整得更細一些。相反地，如果味道太濃，則要減少咖啡豆量，縮短萃取時間、攪拌次數，研磨度調整得更粗一些。但所有的調整最好控制在建議豆量（每100ml的水放5～6g）和建議萃取時間（3～5分鐘）範圍內。

3.如果使用中焙以上的烘焙咖啡豆，會散發出強烈的苦澀味。

購買與保管 BUY/MAINTENANCE

1 價位

〔ESPRO PRESS法式雙層濾壓壺〕

依銷售處和器具大小的不同,價格上多少有些差異,網路約在3,000元左右。

〔消耗品〕

消耗品並不易找到專門銷售的地方,只能從ESPRO PRESS的加拿大官網上訂購。

替換用濾網組　　$18.95(S)／$22.95(M)／$24.95(L)

替換用密封圈組　$12.95(S)／$14.95(M)／$16.95(L)

2 保存

1.濾網破損,造成咖啡粉渣過濾不完全時,最好購買替換用濾網組。上下濾網無法緊密接合,或濾網下壓時無法順利壓到底的話,最好購買替換用密封圈組。

2.偶爾將壺身注滿熱水,裝上濾網之後,靜置一個小時左右,再倒掉壺內的水,則可將殘留在濾網上的咖啡殘渣清理乾淨。

〔清洗〕

1.清除濾壓壺內殘留的水分和咖啡粉渣,注意水分會比想像中殘留得更多,最好將咖啡粉渣和水分離後丟棄。

2.將下層濾網從上層濾網上拆解下來。

3.握住濾網中間的金屬柱,以反時鐘方向旋轉上層濾網,即可拆卸。

4.使用中性洗劑,清洗各部位配件。

5.完全晾乾後再收起來。

「咖啡課題」咖啡館裡，使用過ESPRO PRESS法式雙層濾壓壺的5名職員所做的綜合評價。

使用便利性

■■■■□ 4.0　　法式濾壓壺這一類的器具，沖煮咖啡的方法絕對不難。

清洗保存

■■■■▮ 4.6　　這是一款不用擔心破裂或生鏽的器具。

享受樂趣

■■□□□ 2.1　　看不到內部的變化。

經濟性

■■▮□□ 2.4　　高級不鏽鋼材質，又是進口商品，價格比想像中來得貴。

外型設計

■■■▮□ 3.6　　設計乾淨俐落，可說完美無瑕。

推薦配方

RECOMMEND RECIPE

以精品咖啡豆萃取的咖啡

因為這是一款最能保存咖啡豆原始風味的器具，適合使用精品咖啡豆。事實上競賽評分時杯測的風味，和以法式濾壓壺方式所萃取出來的咖啡味道，在本質上有異曲同工之妙。

咖啡豆的研磨度

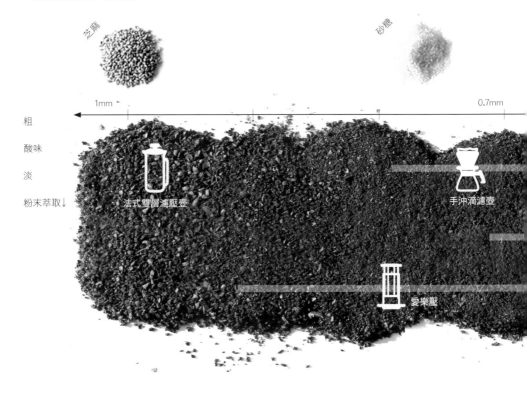

芝麻

砂糖

1mm   0.7mm

粗

酸味

淡

粉末萃取↓

法式雙層濾壓壺

手沖滴濾壺

愛樂壓

想沖煮出美味咖啡,秘訣之一就是咖啡粉的研磨度。咖啡粉的研磨度不對,不要説一杯美味的咖啡,説不定根本萃取不出來。假設以摩卡壺的研磨度,用在手沖滴濾壺的話,就會因味道太苦難以下嚥,也會因為咖啡粉末太細,塞住濾網,造成萃取時間過長,或水漫過濾杯流出。反之,如果以手沖滴濾壺的研磨度,用在摩卡壺的話,就無法萃取出香濃的義式濃縮咖啡,反而成了沒什麼咖啡香氣的液體,還可能因為咖啡粉顆粒太粗,咖啡液無法從下壺萃取到上壺而從壺身的旁邊滲出來。由此可知,每種咖啡器具都各有適當的研磨度,大部分的咖啡販賣店裡,都會告知適合器具的研磨度,或配合所需要的研磨度代磨咖啡豆。不過為求咖啡新鮮度,建議還是買台家用磨豆機,沖煮前才磨豆。

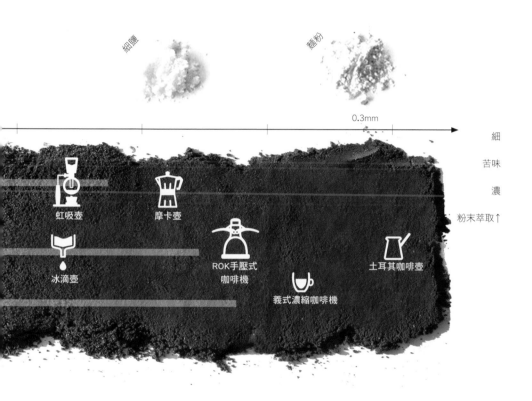

細鹽

麵粉

0.3mm

細

苦味

濃

粉末萃取↑

虹吸壺

摩卡壺

冰滴壺

ROK手壓式
咖啡機

義式濃縮咖啡機

土耳其咖啡壺

像是摩卡壺或ROK之類的義式濃縮咖啡器具,屬於研磨度固定的器具,沒有太多可選擇的餘地。但是在許可範圍內調整不同研磨度的話,所萃取出來的咖啡風味也各有差異。手沖滴濾壺或法式雙層濾壓壺,相對來說研磨度可選擇的範圍較大,可以依照研磨度的不同,調整咖啡風味。像是以法式雙層濾壓壺來萃取咖啡,若是咖啡豆研磨得比平常粗,味譜就會偏酸;比平常要細,就會偏苦。

就算使用同樣的咖啡豆、同樣的器具、同樣的方式來萃取咖啡,因為研磨度的不同,咖啡風味也會出現很大的差別。如果想在咖啡味道上加以變化的話,可以試著調整研磨度。

AEROPRESS 愛樂壓

「哇，這真是太方便了！」

　聽到喜歡喝咖啡，卻又怕費事的M先生說想買咖啡器具，我毫不猶豫地便推薦他「愛樂壓」。果然在試用幾次之後，他就心滿意足地買回家。對愛喝咖啡又怕麻煩的人來說，「愛樂壓」堪稱是最棒的萃取器具！

品名：愛樂壓

材質：耐熱樹脂、聚丙烯、橡膠製品

尺寸（長×寬×高）：108×97×135mm

重量：368g

1.**壓筒**：和沖煮座接合，手壓會產生壓力。

2.**橡膠頭**：套在壓筒底端。

3.**沖煮座**：填充研磨咖啡粉和水的部分。

4.**進粉漏斗**：用來裝填咖啡粉，或在萃取咖啡時，杯子比沖煮座小的情況可使用。

　除此之外，也適合各種器具裝填咖啡豆時使用。

5.**濾紙&濾紙座**：可存放350枚濾紙杯的濾紙座。

6.**攪拌棒**：均勻攪拌咖啡粉和水的工具。

7.**濾蓋**：放入濾片之後，套進沖煮座下方過濾咖啡粉。

8.**量匙**：愛樂壓專用計量匙。

愛樂壓是美國愛樂比（Aerobie）公司創辦人亞倫‧阿德洛（Alan Adler）於2005年所發明的咖啡器具。過去他每次喝咖啡，都會因為咖啡粉造成胃酸過多，為了解決這個問題，他利用針筒原理，直接製造了一款咖啡器具，萃取咖啡的方法就如同針筒注射一樣簡單，加上豐富的稠度，很快就聲名大噪，甚至從2008年起每年還定期舉辦愛樂壓世界錦標賽（WAC，World AeroPress Championship）。然而有趣的是，愛樂比公司其實是成立於1984年的一家玩具公司，專門製造塑膠飛盤等體育用品，與咖啡毫無淵源。一家和咖啡沒半點關係的玩具公司，只因並非咖啡老饕的老闆每次喝咖啡都會胃酸過多，於是就發明了一件咖啡器具來解決這個問題，基於此點，愛樂壓被咖啡器具界視為異端，顛覆了傳統。

最適合現代人的咖啡器具

愛樂壓的最大優點在於，除了任何人都能輕易上手之外，就是清洗方便。不算研磨咖啡的時間，只要一分鐘左右就能萃取出一杯咖啡。萃取完成之後，清除掉咖啡粉殘渣，用水清洗也只要花一分鐘的時間就好。當然，如果咖啡味道不好，就算有這些優點也沒什麼用，幸好愛樂壓一向以細緻濃郁的咖啡口感而自豪，因此對再忙也要來一杯咖啡的人們來說，愛樂壓是咖啡器具中最好的選擇。另外，愛樂壓的建議使用水溫為攝氏80～85度，直接就可以從飲水機裡接取溫水使用。再加上器具重量只有368g，便於攜帶，不只在家或辦公室，甚至戶外活動時都很適用。

愛樂壓世界錦標賽

愛樂壓每年舉辦名為「愛樂壓世界錦標賽」的愛樂壓萃取大賽。這項競賽乃是要求參賽者必須在8分鐘之內使用愛樂壓萃取200ml的咖啡，提供給評審委員從中選出優勝者。除了咖啡之外，沒有其他添加物，用的咖啡豆都一樣，要從豆量、水溫、水量、濕潤方法和萃取方法上互別苗頭。審查委員以盲測方式來評選選手們所製作的咖啡，也讓比賽過程增添不少樂趣。因為企業母體為玩具製造商，競賽頗富休閒氣氛，與其他大賽嚴肅的場景完全不同，與其說是比賽，不如說是一場愛樂壓粉絲慶典還更恰當。

想參加愛樂壓世界錦標賽的選手，得先從各國愛樂壓預賽中脫穎而出之後，才有機會前進到最後的決賽。不限資格，誰都可以參加，實際從歷屆預賽通過者的履歷來看，咖啡師到一般使用者，甚至連使用經歷只有一個月的參賽者也有。

誰都有享受美味咖啡的自由

愛樂壓世界錦標賽官網（https://worldaeropresschampionship.com/recipes），公布有歷屆冠軍排行榜前三名的咖啡配方。愛樂壓本就是十分簡便的器具，因此就算是冠軍們的咖啡配方，只要跟著做，任何人也都能萃取出同樣美味的咖啡。而且因為是冠軍排行榜前三名的配方，咖啡風味更有保障，配方以英文書寫，也可以在搜索引擎上輸入關鍵字「愛樂壓錦標賽咖啡配方」檢索。（參考：http://www.saipincoffee.com/a/kfsl/kfls/1366.html）

翻轉新世界

2009年愛樂壓世界錦標賽中，有幾名參賽者捨棄傳統使用方法，與眾不同地將愛樂壓翻轉過來使用（Inverted method），獲得一致好評。一般正常使用下，咖啡粉和水混合的時間不夠充裕，部分的水甚至會直接流入下方杯子裡去，為了解決

這個問題，粉絲們才想出了這麼一個翻轉使用的方法，如今不亞於正向萃取法，也受到了大家的肯定。翻轉萃取時，有點類似法式濾壓壺，可以確實調整水和咖啡粉的接觸時間，就算是研磨度較粗的咖啡粉，甚至是茶葉，都可以萃取出來。換句話說，買一件愛樂壓，不僅可以沖煮咖啡，還可以調製出浸泡式冰滴咖啡，甚至可以泡茶，真是一舉三得！

不必擔心環境荷爾蒙的新材質

愛樂壓的最大優點，使用輕便，但主要材質為塑膠，放了滾燙的熱水總讓人心裡不安。「這東西安全嗎？」「會不會產生環境荷爾蒙（Endocrine Disrupter Substance）之類的毒素？」會出現這樣的憂慮也是在所難免的。幸好愛樂壓的材質是經過美國FDA測試通過，可接觸最高攝氏100度的耐熱樹脂和聚丙烯，也獲得了食品儲存容器的使用許可。事實上，耐熱樹脂、聚丙烯常用在幼兒用品和廚房用品上，盛裝高溫熱水的容器大多採用這類材質。也就是說，一般塑膠碰上高溫熱水會釋出環境荷爾蒙，但愛樂壓相對疑慮較少，可以安心使用。

愛樂壓計時器

如果您使用 I-Phone 手機，那您有福了！專為 I-Phone 用戶設計的「愛樂壓計時器」應用程式已經出現在 I-Phone 商店裡。這是為了讓用戶能根據各式各樣不同的咖啡配方，輕鬆上手所設計的手機應用程式。除了告知咖啡豆量、水量之外，還提供注水時間、壓筒下壓時間等各階段的計時功能，讓用戶能輕易沖煮出一杯完美的咖啡。不過這款應用程式並非免費提供，必須支付2.99美元才能使用。

如果還想知道愛樂壓世界錦標賽冠軍們的配方，以及像「藍瓶（Blue Bottle）咖啡」這類知名烘豆師們的配方，那還得各多付1.99美元才行。然而，只要少喝幾杯咖啡，就能成為最棒的咖啡師，這麼想想，其實也挺划算的，不妨下載試試！

小心！馬克杯比較安全

當我們觀看愛樂壓使用示範影片時，通常下面都是放玻璃杯
或咖啡壺。但這只是為了美觀才故意這麼選擇的，實際上在
使用愛樂壓的時候，壓筒下壓時的壓力一不小心會造成玻璃
杯或咖啡壺破裂，如果不是為了拍照效果，建議使用馬克杯較
為安全。

多用途漏斗

愛樂壓的進粉漏斗，如果不知道如何活用的話，往往會被棄
置在一旁。但其實了解之後，就會知道這東西有多好用。首先，
咖啡粉可以透過漏斗裝填進沖煮座裡，不至於四處散落。有
時候隨行杯的入口太小，愛樂壓放不進去，無法萃取咖啡時，
就可以把漏斗塞進隨行杯口使用，問題就解決了！另外，也可
以在ROK手壓式咖啡機或摩卡壺填裝咖啡粉時使用。

預備用品

愛樂壓（沖煮座、濾蓋、壓筒、攪拌棒、漏斗）、濾紙、研磨咖啡粉（義式濃縮咖啡用，15g）、熱水（攝氏80～85度）、馬克杯、細口壺。

1. 將沖煮座、壓筒、濾蓋拆解開來。

2. 濾蓋中放入濾紙後，再旋轉裝上沖煮座下方。

3. 將接好了濾蓋的沖煮座放到馬克杯上，注入熱水濕潤濾紙。

4. 將相當於義式濃縮咖啡一份（1oz）的細研磨咖啡粉一匙倒入沖煮座中，輕輕晃動保持表面平整。這時可以利用進粉漏斗，乾淨俐落地倒入咖啡粉。

5. 按照欲萃取的份（shot）數，緩緩地注入熱水，到沖煮座上的等量份數標記為止（例如：雙份＝沖煮座上的『2』標示處）。不須使用沸騰滾燙的熱水，溫度稍低，或飲水機的溫水更爲適當。

6. 以攪拌棒輕輕攪拌約10秒左右，讓水和咖啡粉充分混合。

7. 將壓筒裝進沖煮座，在30秒左右的時間裡，維持一定的壓力輕緩下壓。

翻轉使用法——Lungo咖啡 / 美式咖啡的萃取法：

1.將壓筒稍微卡進沖煮座中，維持此狀態翻轉過來。

2.濾蓋中放入濾紙，先用熱水濕潤，這時濾蓋尚未裝上。

3.沖煮座裡倒入一匙研磨咖啡粉，輕輕晃動讓咖啡粉表面維持平整。

4.緩緩注入熱水倒滿為止。

5.以攪拌棒均勻攪拌10秒鐘，讓咖啡粉與水充分混合。

6.再將濾蓋裝回沖煮座上，快速地轉過來放到事先準備好的馬克杯上。

7.在20～30秒的時間裡，維持一定壓力緩緩下壓。

壓不下？是咖啡豆磨得太細

壓下壓筒萃取咖啡時，阻力會比想像來得大，有時候甚至於根本壓不下去，原因就出在咖啡豆研磨得太細。這時只要將研磨度調節得更粗一些就可以。除此之外，也可以在壓筒的橡膠頭用熱水蒸氣稍微蒸一蒸，下壓的時候就不會那麼辛苦，也有助於咖啡液的萃取。

金屬濾網也是好選擇

愛樂壓專用的過濾器，除了愛樂比公司所生產的專用濾紙之外，也有其他幾家器材商的金屬濾網可選購，使用濾紙時，咖啡油脂會被過濾掉，但如果使用金屬濾網，油脂之類的成分便會被萃取出來，可以感受更厚實的口感。當然基於金屬濾網的特性，少許咖啡細粉也會同時被萃取出來，大約就等同於濃縮咖啡機所萃取出來的細粉程度，平常喝美式咖啡的時候，如果不會特別感覺到細粉的渣渣感，那就不會有太大的問題。金屬濾網可以半永久性使用，從長期來看，比用濾紙要更經濟，也更環保。

1 價位

〔愛樂壓〕

依照銷售地點的不同可能多少有點差異,約1,000元上下便可以買到。

〔消耗品〕

各類消耗品可單獨購買,依銷售地點不同,價格上稍有差別。

橡膠頭:約250元。

濾蓋:約300元。

濾紙:350枚約180元。

金屬濾網:約380元。

2 保管

壓筒下壓時,如果阻力變小,輕易便能壓得下去的話,最好更換橡膠頭。

〔清洗〕

1.濾蓋拆卸下來後,拿著愛樂壓對準垃圾桶,壓下壓筒,清除咖啡粉殘渣。

2.用水清洗濾蓋、壓筒、沖洗座,尤其要將殘留在壓筒橡膠頭上的咖啡粉殘渣或咖啡油脂清洗乾淨。

3.等水分完全晾乾之後再收起來,注意要將壓筒橡膠頭朝上晾乾。

「咖啡話題」咖啡館裡，使用過愛樂壓的5名職員所做的評價。

使用便利性

■■■■□ 4.0 　不必擔心破損，器身輕便，適合外出旅行攜帶。

清洗保管

■■■■▮ 4.6 　小心配件不要遺失即可。

享受樂趣

■■■■□ 4.1 　有了它，義式濃縮咖啡也好，滴濾式咖啡也好，全都沒問題！

經濟性

■■■■▮ 4.5 　多才多藝，物美價廉。

外型設計

■■■▮□ 3.6 　可惜材質看起來很廉價的樣子。

推薦配方 RECOMMEND RECIPE

冰拿鐵

研磨度為義式濃縮咖啡用的咖啡豆一匙，沖煮出一份濃縮咖啡後，注入放了牛奶和冰塊的杯子裡。只要咖啡豆夠好，就能調製出不亞於一般咖啡館裡的冰拿鐵。

Q. 煩請自我介紹。

A. 我是愛樂壓發明者亞倫·阿德洛（Alan Adler），也是擁有40多項發明專利的發明家。

Q. 愛樂壓是一種什麼樣的器具？

A. 愛樂壓是唯一在一分鐘之內就能萃取出1～4人份美式咖啡或義式濃縮咖啡的咖啡器具。愛樂壓所萃取的咖啡酸度，只有滴濾式咖啡的1/5、法式濾壓壺咖啡的1/9而已。

Q. 身為愛樂壓發明者，您認為愛樂壓具有哪些優缺點？

A. 優點是使用上快速便捷，短時間內就能萃取出美味的咖啡，不管是義式濃縮咖啡或美式咖啡都沒問題。缺點是如果要萃取4人份的咖啡就得花點時間，不過這真的只是相對多花了一點點時間而已。

Q. 愛樂壓一上市就廣受好評，甚至還舉辦世界錦標賽，您當初大概沒想到會受到如此爆發性的喜愛吧？

A. 愛樂壓萃取的咖啡風味獨特，我當初就預料到會受到人們喜愛，但沒想到還會舉辦世界錦標賽。

Q. 據我所知，愛樂壓原本是為了沖煮義式濃縮咖啡才發明出來的，實際上提供給使用者們的配方也是義式濃縮咖啡配方。但有很多人卻以為這是為了沖煮Lungo或美式咖啡所製造出來的器具，您對此作何感想？

A. 我想應該有很多人想喝美式咖啡，才把愛樂壓拿來這麼用。不過我覺得拿鐵也不錯，很多人愛喝。拿鐵最適合以濃縮咖啡液為基底來調製，所以愛樂壓也可以作為調製拿鐵時使用。

Q. 您使用愛樂壓的頻率如何？

A. 和妻子在家的時候，大概一天會用上兩次。

Q. 請您以一句話來說明愛樂壓。

A. 一分鐘就可以萃取出1～4人份義式濃縮咖啡或美式咖啡的小型萃取器具。

水溫

調節水溫能掌控口感

因為不同的水溫，會萃取出不同特色和風味的咖啡。通常萃取咖啡時的水溫分為三種：1.使用室溫以下的水，2.使用熱水，3.咖啡和水一起煮。

以低於室溫的水萃取的咖啡，通常為了將咖啡成分完全萃取出來，會花費短則2小時、長到24小時以上的時間。如此萃取出來的咖啡有點像葡萄酒，相對來說可以保存較長的時間，時間越久，口感越柔順，但放太久也會變質。以冰滴咖啡著稱的「冷泡法（Cold Brew）」，就屬於這種方式。

以熱水萃取的咖啡，是最普遍的一種方式，一般水溫在攝氏80～95度之間，溫度越低，酸味越強，苦味也隨之出現。水溫不同所萃取出來的咖啡口感變化很大，因此即使使用相同的咖啡豆、相同的研磨度，不同的水溫還是會帶來不同的感受。所以長期愛用手沖滴濾壺或法式濾壓壺的人，都有各自喜好的水溫。

咖啡和水一起煮的方式，乃是以接近攝氏100度的高溫來萃取咖啡，土耳其咖啡壺或虹吸壺就屬於這一種。相對來說，可以喝到較濃的咖啡，而且水溫總是固定在攝氏100度，較容易維持咖啡一貫的風味。

調節水溫就能掌控咖啡口感，太苦，水溫降低一些；太酸，水溫提高一些。記住，只要懂得調節水溫，就能變化出無數不同風味的咖啡。

HAND DRIP 手沖滴濾壺

「水柱這樣可以嗎?」

胸有成竹要手沖咖啡的C,卻邊看我臉色,邊提出這個問題,於是我告訴她,在歐美使用手沖滴濾壺的時候,通常不會太在意水柱的粗細,隨便澆澆水就了事。C有點驚訝,但臉上表情隨即轉為愉快地繼續注水動作。手沖咖啡表面上看起來似乎需要點技巧,其實沒那麼麻煩,現在就讓我們來認識各種不同的手沖滴濾壺吧!

品名：HARIO V60 濾杯

材質：陶瓷

尺寸（長×寬×高）：119×100×82mm

1.**濾杯**：盛放濾紙和研磨咖啡粉的底部鑽孔濾杯，放在咖啡壺上。

2.**溝槽線（lib）**：濾濾杯內側的皺褶狀垂直溝槽，咖啡液萃取時會作為氣體對流通道，也方便液體流動，同時萃取完成後，清除濾紙更輕鬆。溝槽數越多，液體流動越快。

3.**萃取孔**：位於濾杯底部的小孔，咖啡經由此孔萃取而出。

4.**咖啡壺**：承接咖啡液的玻璃容器，放在濾杯下方。

5.**細口壺**：滴濾式手沖咖啡專用的改良式水壺，其特徵是出水口比一般水壺要窄長，這是為了維持一定速度的細長水柱所特別設計的。

6.**咖啡濾紙**：用來過濾咖啡粉，依濾杯製造廠商的不同，模樣和折疊方式也不同。

在一般人的認知中,手沖咖啡需要細緻入微的技巧,因此不少人以為手沖咖啡最早起源於日本。其實,是從德國開始的。住在德國德勒斯登的美利塔‧班茲(Melitta Bentz)女士,把兒子作業簿的紙張當成濾紙,放在鑽了孔的銅碗裡過濾咖啡粉殘渣,以此萃取咖啡。以紙張來過濾咖啡粉在當時無疑具劃時代的意義,相較於過去用布塊或碎布過濾,用紙過濾少了一些雜味,口感更乾淨。於是美利塔女士便於1908年創立了美利塔(Melitta)公司,開始生產改良濾杯和濾紙。1937年由美利塔公司所發明的濾杯樣式,就成了現今我們所熟知的濾杯雛形。

很多時候,在西方發明的咖啡器具,跨海到了日本後才開花結果,手沖滴濾壺就是其中之一。1959年,在美利塔的發明過了約50年之後,日本的卡利塔(Kalita)公司所開發的手沖滴濾壺套件上市。因為卡利塔這個名稱與手沖滴濾壺的始祖美利塔太相似,因此在日本甚至被人質疑是美利塔的山寨版。卡利塔的貢獻,就是讓手沖咖啡文化普及全日本,卡利塔也成為手沖滴濾壺的代表品牌,甚至到了「手沖滴濾壺＝卡利塔」的程度。

1925年河野彬成立河野(KONO)公司,專門製造虹吸壺。這家公司經過長期研究之後,於1973年推出不同於既有手沖滴濾方式的「KONO濾杯名門(Meimon)」與「KONO手沖滴濾壺」,引領手沖滴濾壺走向高級化。實際上使用KONO濾杯,以KONO式滴濾法萃取咖啡,是最難、也最花時間的。但其引以為傲的多層次稠度也讓許多咖啡專家們認為,使用KONO式滴濾法的咖啡館,才是最專業的咖啡館。

被稱之為「玻璃帝王」的哈里歐(Hario),成立於1921年,是日本一家專門製造玻璃的品牌,以高品質的耐熱玻璃,生產各類多樣化產品,從家庭用品到工業／醫療用品應有盡有,代表性的咖啡器具有V60、虹吸壺、冰滴壺等。V60表示60度角V字型濾杯的意思,在2005年10月首度上市,耐熱、耐溫差的優點,加上耐熱玻璃不沾染異味、異色的特性,成了最適合沖煮精品咖啡的器具,深受矚目。

濾紙很科學

濾紙一般分為漂白處理過的白色濾紙,和使用天然紙漿的棕色濾紙。經過漂白處理的白色濾紙,相較於棕色濾紙少了紙漿味,咖啡味道更純粹,但漂白時使用的氯成分會造成環境污染。近來知名廠商開始改良濾紙,漂白濾紙除了改用氧系、無螢光劑等環保方式漂白之外,還推出改用竹子、針葉樹纖維等各種高級材質的濾紙。

好的濾紙通常很厚重,纖維組織更密實,不僅水流通過無礙,還能高度過濾不必要的雜質,但這種濾紙售價頗高,一枚超過3元。

擺脫細水柱強迫症

說到手沖咖啡，首先想到的就是細細長長的水柱，因此許多人在手沖咖啡時，會很努力地控制水流，非要保持又細又長的水柱不可。但實際上手沖咖啡時所需要的水柱，應該較粗才對。曾經示範手沖咖啡的日本卡利塔公司咖啡師表示，他感到最驚訝的，就是許多人在手沖咖啡時故意把水柱弄得太細，甚至細到超過實際需要。這也是每年卡利塔的示範咖啡不約而同強調的重點，手沖咖啡在某種程度需要細水柱，但「非細水柱不可」的觀念也不太健康。

出現粉層發展了嗎？

手沖滴濾咖啡最美好的時刻之一，就是咖啡粉開始接觸水分排出氣體，體積膨脹的悶蒸過程。這也是咖啡香氣最濃的時刻之一。咖啡粉體積膨脹的現象稱為「粉層發展」，也創造了視覺上的刺激享受。但往往也有手沖咖啡時並未出現粉層發展的情況，那麼就有必要確認以下幾點。

© photo by yoppy

新鮮度：用不新鮮的咖啡豆沖煮咖啡的話，自然不會出現粉層發展。同樣的道理，研磨過後再存放的咖啡粉，手沖咖啡時粉層發展的情況就較少見。

水柱：水柱太粗，水量超過沁透咖啡粉的適當程度，便會穿透而出。如此一來，自然無法造成膨脹現象，咖啡粉層反而會往裡凹陷下去。

咖啡豆量：豆量太少，就無法累積適當的厚度和密度，自然膨脹不起來。

經濟性的澆注方式

「這什麼壺啊，這麼貴？」想買成套手沖咖啡器具的人，不約而同會這麼抱怨一句。採取澆注（Pour over）方式的濾杯，注水時其實不一定就得使用細口壺。在美國「Pour over」的原意就是「澆灌、傾瀉」。也就是說，手沖咖啡時，不見得需要正經八百地使用細口壺，隨便拿個水壺來用也可以。使用電熱水壺或一般水壺時，可能悶蒸上會有點困難，但只要多練幾次，功夫到家的話，也能掌控出某種程度一定粗細的水柱。我們可以把澆注的水流大小，視為是控制水量和萃取時間變化的一種手法，只要能夠達到穩定的萃取，並不見得一定要糾結在水柱的粗細度上。

卡利塔（**Kalita**）

萃取孔：中央三孔（呈一直線）
溝槽線：皺褶狀垂直溝槽

萃取法：浸泡式／半浸泡式
外型：梯形

特徵 1. 三孔萃取方式，加上濾杯內側從上
到下扇形直摺，讓液體維持一定的
流動速度。
2. 所萃取出來的咖啡保留了咖啡豆
爽口的酸味，輕柔順口的稠度，感
覺明亮活潑。
3. 適合初學者使用，口感最穩定。

卡利塔 **Wave**濾杯

萃取孔：中央三孔（呈圓形）
溝槽線：濾杯（橫溝）＋
　　　　濾紙（直溝），溝槽細密

萃取法：浸泡式／半浸泡式
外型：去角圓錐形

特徵 1. 不同於一般濾杯底部三孔呈直線
排列，爲圓形分布。
2. 爲了降低人爲與技術上的偏差、
維持咖啡穩定風味而開發出來的
器具。
3. 專用濾紙上呈波浪溝槽設計，與
濾杯的接觸面小，不會讓水較長
地滯留在濾紙某一側，而能快速
均勻地滴濾出來。

美利塔（**Melitta**）

萃取孔：正中央一孔

溝槽線：濾杯下半部，短直溝

萃取法：沁透式

外型：梯形

特徵 1.濾杯側面斜度較卡利塔濾杯更傾
　　　　斜。

2.溝槽線比卡利塔濾杯粗。

3.濾杯尺寸較大，有兩道壓印。

4.液體萃取速度較卡利塔慢，相對
　來說味道較濃，稠度較厚重。

美利塔**Aroma**濾杯

萃取孔：正中央一孔

溝槽線：濾杯下半部，短直溝

萃取法：沁透式

外型：梯形

特徵 1.濾杯側面斜度較卡利塔濾杯更傾
　　　　斜。

2.溝槽線比卡利塔濾杯粗。

3.與傳統美利塔屢被不同，萃取口位
　於底部上方1公分處，可防止過度
　萃取。

4.必須使用具有密孔的Aroma專用
　濾紙。

河野 (KONO)

萃取孔:正中央一個較大的孔
溝槽線:濾杯下半部,短直溝
萃取法:穿透式
外型:圓錐形

特徵 1.溝槽線短,氣體對流也短,因而能萃取出口感醇厚的咖啡。

2.相較於其他滴濾式器具,其側面斜度最為傾斜。因此就算使用相同的咖啡粉,因為堆疊高度和水流穿透咖啡粉的時間較長的緣故,萃取出來的咖啡較濃,口感醇厚,尾韻飽滿。

哈里歐 (Hario)

溝槽線:
順時針方向分布的螺旋型溝槽
萃取法:穿透式
外型:圓錐形

特徵 1.咖啡萃取速度較快,可控制萃取速度沖泡出自己喜愛的咖啡口味。

2.味道純粹,柔和爽口,但稠度稍嫌不足。

材質比較:塑膠 vs 陶瓷 vs 玻璃 vs 銅器

材質	塑膠	陶瓷
優點	價格低廉、重量輕(攜帶方便)。	價格較低、保溫效果佳、長期使用亦不變形。
缺點	保溫效果差、長期使用內部易龜裂。	太重(攜帶不方便)、容易破損、熱傳導性差。

材質	玻璃	銅器
優點	可觀察萃取過程。	保溫性和熱傳導性都佳。
缺點	非常容易破損。	價格昂貴、保管上注意事項多。

濾紙摺法

〔卡利塔 / 美利塔〕

1.摺起下壓印處。

2.反轉濾紙，摺起側壓印處。

〔河野 / 哈里歐〕

1.側壓印處摺起即可。

2.如果只有梯形濾紙，可將濾紙對摺後打開，再將兩側邊對準 下方中間點向內摺成圓錐形即可。

注水時注意邊緣

注水時，如果水柱碰到濾杯杯壁，則水不會穿透咖啡層，反而 會沿著濾紙邊緣直接流下去。如此萃取出來的咖啡，因為咖 啡成分未能完全釋放出來，多少會變得淡而無味，注水時要多 注意。

忠於目的

通常咖啡粉悶蒸時，為了確定咖啡粉能完全濕潤，會要求注水 到有一兩滴液體滴落咖啡壺的程度。如此雖能萃取出完美無 瑕的最佳咖啡，但對初學者而言，卻非易事，反而讓初學者搞 不清楚，到底重點是在滴落一兩滴液體，還是讓咖啡粉充分 濕潤？兩者擇一時，建議要把重點放在讓咖啡粉充分濕潤上， 因為悶蒸的目的，不是為了讓幾滴液體滴落到咖啡壺裡，而是 要讓水分均勻分布到所有咖啡粉上。

預備用品

濾杯、咖啡壺、濾紙、咖啡杯、研磨咖啡粉（滴濾式咖啡用，一人份約15g）、熱水
200ml（攝氏90～92度）。

1. 摺疊濾紙，卡利塔和美利塔用濾紙下方和側邊壓印部分向內摺疊之後，邊角部分用手捏緊一下。哈里歐和**KONO**專用濾紙只需要摺疊一側壓印處即可。

2. 將濾紙放入濾杯中，澆注熱水濕潤。這麼做不僅可以先溫熱濾杯和咖啡壺，也可以去除濾紙的紙漿味，讓濾紙和濾杯完全貼合。咖啡杯也先溫杯備用，接著倒掉咖啡壺裡的熱水。

3. 將咖啡粉倒進濾杯中。

4. 輕輕晃動濾杯，讓咖啡粉表面變得平整。 *KONO濾杯的步驟到此之後，以點滴方式注水。

5. 將熱水注入濾杯中，從中間向外側以螺旋狀注水，讓全部的咖啡粉都能充分濕潤後，靜置30秒左右悶蒸（30秒是基本原則，但隨咖啡豆或研磨度的不同，靜置時間也可以延長到45~60秒）。這時如果液體不是一滴一滴，而是一股水柱似地流入咖啡壺裡的話，表示注入的水太多。

以下為各廠商所推薦的手沖咖啡法，這不是唯一的正確方法，只是提供參考而已。例如，卡利塔濾杯也可以採用KONO點滴式滴濾法。每個人都可以嘗試各種不同的手沖方式，挑選最適合自己的方法。

KONO ── 點滴式

1.在中央部位以點滴方式注水，務必讓咖啡粉全部濕潤，以便悶蒸。

2.粉層開始膨脹破裂之際，以細水柱畫10元硬幣大小的圓形注水。這時要注意，盡量不要讓泡沫消失，持續注水。

3.到了萃取量所要的2/3程度時，改以粗水柱畫大圓，加快萃取速度。

4.萃取出足夠的咖啡量之後，移開濾杯，不要讓泡沫裡還剩餘的殘味被萃取出來。

5.輕輕晃動咖啡壺，讓萃取出來的咖啡濃度均勻混合。

6.倒掉杯子裡溫杯的熱水，注入咖啡。

美利塔 ── 螺旋式

1.咖啡粉層開始膨脹破裂的時候，將相當於欲萃取量程度的水，由內往外以螺旋狀方式，一次全注入濾杯中。

2.靜置等所有水都被萃取出來之後，移開濾杯。不管咖啡萃取量多少，整個萃取時間不要超過3分鐘。

3.輕輕晃動咖啡壺，讓萃取出來的咖啡濃度均勻混合。

4.倒掉杯子裡溫杯的熱水，注入咖啡。

卡利塔/卡利塔WAVE ── の字型

1.咖啡粉層開始膨脹破裂的時候，由內往外，以畫咖啡豆圖案（の）的方式注水3次左右，進行第一次萃取，注意不要讓膨脹的粉層凹陷下來，卡利塔濾杯注水時，破開圓中央的細水柱會沿著的三孔澆注。

2.膨脹的粉層出現下沉跡象的時候，以比第一次萃取時還粗的水柱，畫更大的咖啡豆形，2次左右，進行第二次萃取。

3.粉層又出現下沉跡象時，以比第二次萃取時還粗的水柱，畫更大的咖啡豆形1次左右，進行第三次萃取。包括靜置悶蒸時間在內，總萃取時間不要超過3分鐘。如果到第三次萃取完畢還達不到所需量時，可以反覆再進行二回第三次萃取的過程，以獲得所需要的咖啡量。

4.萃取出足夠的咖啡量之後，移開濾杯，不要讓泡沫裡還剩餘的殘味被萃取出來。

5.輕輕晃動咖啡壺，讓萃取出來的咖啡濃度均勻混合。

6.倒掉杯子裡溫杯的熱水，注入咖啡。

哈里歐 V60 ── 反覆螺旋

1.咖啡粉層開始膨脹破裂的時候，由內往外，再由外往內，以反覆畫螺旋形方式注水。一下就將相當於所欲萃取量程度的水全部注入。水柱也慢慢由細變粗，注水速度也越來越快。

2.當所有的水都被萃取出來之後，移開濾杯。不管咖啡萃取量多少，整個萃取時間不要超過3分鐘。

3.輕輕晃動咖啡壺，讓萃取出來的咖啡濃度均勻混合。

4.倒掉杯子裡溫杯的熱水，注入咖啡。

應急用注水壺

想在野外喝咖啡，帶了咖啡粉、濾杯、濾紙，卻沒帶細口壺或水壺時，應急之道，可以利用紙杯或保溫杯。把紙杯的一端摺起來，呈尖錐狀，或者利用保溫杯的出水孔注水。要掌控一定粗細的水柱有點困難，但代替細口壺還是可以的。

尋找獨家手沖滴濾法

咖啡沒有正確答案，連注水方式不同，也可以萃取出千變萬化的口感。記住以下幾項原則，或許就能找到自己的獨家手沖滴濾法，萃取最適合自己口味的咖啡。

1. 水柱越粗，注水速度越快，咖啡粉和水接觸的時間就越短，酸味越強。
2. 水柱越細，注水速度越慢，咖啡粉和水接觸的時間就越長，焦味（微苦的口感）越濃。
3. 水溫越低，咖啡成分（可溶性成分）被萃取得越少，酸味就越強。
4. 水溫越高，咖啡成分被萃取得越多，焦味就越濃。

1 價位

〔手沖濾杯〕（1人用）

塑膠　　卡利塔、美利塔、哈里歐：約180元上下，KONO約280元左右。

陶瓷　　卡利塔、美利塔：約300元左右，哈里歐約600元起跳，卡利塔WAVE
　　　　（kalita 155）約980元左右。

玻璃　　哈里歐：約300～750元，卡利塔WAVE（kalita 155）約800元左右。

不鏽鋼　哈里歐、卡利塔WAVE（kalita 155）約980元左右 。

銅　　　卡利塔、哈里歐：約2,200元左右。

〔咖啡壺〕

300ml（1～2人用）約400元左右，500ml～600ml（1～4人用）約600元左右，
800ml～1,000ml（1～7人用）約750元左右。

〔濾紙〕

普通濾紙約130元（1～2人用，100枚入）左右。越高級的濾紙，價格相同，枚數減
為20枚入、40枚入。

〔細口壺〕

依製造廠商與材質的不同，約1,000～9,000元不等。從不鏽鋼到黃紅銅材質，價
格也越來越高。

2 保管

〔清洗〕

1.直接將留著咖啡粉殘渣的濾紙丟到垃圾桶。

2.濾杯和咖啡壺用水和菜瓜布清洗。如果使用清潔劑，怕表面會有洗劑殘留，萃
　取時可能會混雜洗劑味道，因此最好只用清水沖洗。

3.倒掉細口壺裡的水，連同洗乾淨的濾杯、咖啡壺一起，等水氣完全乾燥後再收
　起來。

團隊評價　　　　　　　　STAFF'S EVALUATION

「咖啡話題」咖啡館裡，使用過手沖滴濾壺的5名職員所做的綜合評價。

使用便利性

■■■■□ 4.2　一開始就學會正確沖煮法的話，可說是實際生活中使用最方便的咖啡萃取器具。

清洗保管

■■■■□ 4.0　比洗碗還簡單。

享受樂趣

■■■■□ 4.3　需要一點技巧，就能發揮各式各樣的實驗精神。

經濟性

■■■■□ 4.0　能以最低廉的費用開始咖啡生活的器具。

外型設計

■■■■□ 4.1　外型、顏色、大小互有異同，可選擇最適合自己的設計。

推薦配方　　　　　　　　RECOMMEND RECIPE

滴濾式冰咖啡

放入比原本豆量多5～8g左右的咖啡豆，研磨度也比原本要更細一些。然後在咖啡壺裡先放進冰塊，萃取完成後就成了美味的滴濾式冰咖啡。

Q. 煩請自我介紹。

A. 我是倉永純一，日本咖啡品質鑑定協會（JCQA）認證二級講師，日本精品咖啡協會（SCAJ）認證店長，擁有日本精品咖啡（JSC）審查員資格。

Q. 作為一種咖啡萃取類型，您認為手沖咖啡有何特點？

A. 我認為手沖咖啡的最大特點，就是在滴濾過程中，可以確認咖啡粉狀態上的變化，沖煮出一杯最美味的咖啡。

Q. 作為手沖咖啡達人，您認為手沖咖啡的優缺點是什麼？

A. 優點是，在家裡也能輕便地萃取咖啡。只要能配合正確的時間、水量和溫度，就能沖煮出各種不同的花式咖啡，享受咖啡樂趣。缺點是，手沖技巧需要多多練習。

Q. 您個人最喜歡的濾杯是哪種，原因呢？

A. 我最喜歡哈里歐V60，原因是我認為這是世界上最能隨心所欲手沖萃取的濾杯。

Q. 您認為萃取美味咖啡最重要的因素是什麼？

A. 我覺得只要能掌握咖啡的烘焙度、烘焙日期、濾網、水溫等要素，配合適當的滴濾法，就能萃取出美味的咖啡。

Q. 一般您多久喝一次手沖滴濾式咖啡？

A. 我固定每天都喝。

Q. 可以推薦咖啡配方嗎？

A. 以咖啡粉為1、悶蒸用水量為1.5、總水量為11.5、最終萃取咖啡量為10作為標準來萃取咖啡。

Q. 您覺得哪種點心最適合搭配手沖咖啡享用？

A. 我覺得搭配巧克力蛋糕（Gateau Chocola）最合適。

Q. 請您以一句話來定義滴濾式手沖咖啡。

A. 任何人都能輕易上手，但滴濾方法太多，越學越深。

Q. 咖啡對您有何意義？

A. 雖然是我的工作，但我也樂在其中。

Q. 最後，請您跟手沖咖啡愛好者說句話。

A. 愉快地享受手沖咖啡的過程，不只沖煮咖啡本人，連旁邊一同享用者，大家都能在咖啡中感受到幸福。

濾網的材質

紙質 vs 纖維（布）vs 固形（不鏽鋼系列）

一杯咖啡中，包含了咖啡液、咖啡油脂，以及咖啡粉。萃取咖啡時依照所使用的濾器材質和種類，過濾掉的成分也不一樣，因此使用不同的濾器，萃取出來的咖啡風味及口感也大相逕庭。

通常，濾紙相對來說會過濾掉較多的咖啡粉渣和咖啡油脂，能萃取出口感較乾淨的咖啡。纖維材質的濾布，為濾紙出現前一般人所使用的過濾方式，能過濾咖啡粉渣，但不會過濾掉咖啡油脂，因此萃取出來的咖啡口感較柔和。所以許多咖啡愛好者將使用濾布萃取的咖啡，視為口感最棒的咖啡。但咖啡萃取完畢後，濾布要洗、要晾、要淨水保管，因太費事，難以普及大眾。不銹鋼材質的濾器，會將咖啡粉渣和咖啡油脂全都萃取出來，能保存咖啡最原始的風味，而且濾器保存方便，可以永久性使用。

大部分的咖啡器具都有各自的專屬濾器，但像是手沖滴濾咖啡、愛樂壓、冰滴咖啡之類的器具，則由萃取者自行決定使用何種濾器。先撇開便利性不管，一般想喝較乾淨口感的咖啡，就用濾紙；想喝柔順口感的咖啡，就用濾布；想喝咖啡本身原始風味的話，可以選擇不鏽鋼濾器。

CHEMEX 手沖濾壺

「這裡也賣花瓶嗎?」

看到商品陳列台上的CHEMEX手沖濾壺,有客人就好奇地提出這個有趣的問題。

是因為CHEMEX手沖濾壺充滿藝術感的外型,才會看起來像一件裝飾品或花瓶嗎?當我告訴客人這是一件咖啡器具之後,他驚訝之餘,也買下了這件CHEMEX手沖濾壺。品味之後發現,咖啡風味醇正,更令他愛不釋手。我們就來認識這件風味絕妙不亞於外型之美的CHEMEX 手沖濾壺吧!

品名：CHEMEX 手沖濾壺

材質：玻璃、原木、皮革

尺寸（長×寬×容量）：

76×210mm／473ml（3杯）

130×216mm／850ml（6杯）

127×232mm／1,000ml（8杯）

130×235mm／1,500 ml（10杯）

146×232mm／1,840ml（13杯）

套件：耐熱咖啡壺（玻璃容器）、木把手／皮繩

1.排氣通道：作為CHEMEX的壺嘴部分，也充當了如同其他濾杯的溝槽作用。將濾紙放入上半部玻璃漏斗，注水之後，濾紙便會貼緊玻璃壁。如此一來空氣能流動的地方，便只有漏斗壺嘴部分的排氣通道（air channel），而萃取出來的咖啡也只有透過排氣通道才能倒出來。因此當咖啡液萃取時，CHEMEX下半部燒瓶裡的空間就會經由排氣通道被推擠出來，CHEMEX內部則留下了咖啡香。排氣通道不僅擔當了濾杯的溝槽作用，還能保存咖啡香。

2.肚臍：CHEMEX下半部燒瓶壁上的像個肚臍一樣的小突起。這是為了確定萃取量，普通到肚臍為止的液量，表示已達燒瓶最大萃取量的一半。
3杯 - 350ml（到肚臍為止）/6杯 - 450ml/8杯 - 500ml/10杯 - 700ml/13杯 - 1000ml（下肚臍）/1500ml（上肚臍）

3.木頭把手：位於CHEMEX的中間部位，如果是經典款Classic/手工吹製款Handbrown的話，可防止握壺時燙手。同時也和肚臍一樣，有顯示萃取量的作用，表示已達最大萃取量。
6杯 - 850ml/8杯 - 1,100ml/10杯 - 1,350ml/13杯 - 2,000ml

CHEMEX是1941年德國化學家,也是發明家的Peter J. Schlumbohm博士所設計發明的。Schlumbohm畢業於德國包浩斯(Staatliches Bauhaus)設計建築學校,受到19世紀初期強調功能主義的包浩斯運動影響,設計出了CHEMEX。平常愛喝咖啡的他,想利用科學原理和實驗室工具來設計一款家用咖啡器具,於是便以實驗室裡常見的三角燒瓶為藍圖,成功設計出CHEMEX。1935年移居美國的Schlumbohm,於1939年在紐約成立CHEMEX公司(Chemex corporation)。1941年申請專利之後,就打著「以化學家的方法萃取咖啡」為廣告標語,開始行銷上市。後來CHEMEX在二次世界大戰期間開始進入量產,不管是優美的造型,還是咖啡口感,瞬間便擄獲了美國人的心。

© photo by Ty Nigh

無名英雄——濾紙

CHEMEX專用濾紙一張約3.5元，比其他濾紙要貴很多。因此很多人都認為CHEMEX的缺點，就是濾紙太貴。然而CHEMEX專用濾紙有其貴的道理，因為含有穀物成分，所以比其他濾紙約厚了20%。紙質較厚的濾紙在萃取咖啡時，就能將其中會散發雜味的成分給過濾乾淨，因此CHEMEX常自豪，以自家器具所萃取的咖啡，比使用其他器具所萃取的口感更均衡、更乾淨。而且不管水量多少，總能於相同的時間裡萃取出同等量的咖啡，就算不具備高超的手沖技巧，任何人都能萃取出美味的咖啡。

《六人行》的好朋友

常被國人拿來練習英文口語的美劇《六人行》（friends）中，時時可見到CHEMEX的身影。第一季第一集裡有一幕，瑞秋邊說「這是我第一次親手沖煮咖啡」，邊為喬伊和錢德勒端上早餐咖啡的場景。這裡瑞秋所使用的器具，就是CHEMEX。雖然CHEMEX應該是不管誰用都能沖煮出美味咖啡才對，但喬伊和錢德勒喝了一口咖啡之後，兩人都不約而同偷偷把咖啡吐到餐桌下的花盆裡去。從這集開始一直到第三季為止，莫妮卡的廚房裡往往都能看到CHEMEX的存在。到了第三季之後，CHEMEX的寶座才讓給了電動咖啡機。

一物抵萬金！

發明CHEMEX的Schlumbohm博士，其實是不亞於愛迪生的發明王。到他1962年去世前為止，總共發明並取得專利達三千多項產品。但這麼多取得專利的發明中，卻只有CHEMEX一項產品成功上市銷售。然而，就這麼一項產品卻深受全世界咖啡愛好者的喜愛，其中也包括了Intelligentsia、Stumptown等知名的第三波精品咖啡名店在內。想到Schlumbohm博士因為這件咖啡器具而揚名國際，也可以說他一生持續不斷的發明，終於開花結果。

帝國的逆襲

如果説小米手機模仿蘋果的i-Phone，在手機市場取得耀人成績的話，那麼在咖啡界裡，中國業者「帝國（Diguo）」，也推出了與CHEMEX幾乎一模一樣的山寨版、一體成型手沖濾壺，因為廠牌為「帝國」，所以也稱為「帝國CHEMEX」。和現有CHEMEX不同的地方，在於燒瓶外壁刻有容量標線，乍看之下會以為是CHEMEX升級版。價格甚至只有CHEMEX的一半而已，還能與CHEMEX專用濾紙和金屬濾器相容使用，實用性也獲得好評。

深受肯定的設計

看到CHEMEX造型優美的曲線，會讓人忍不住想起早期可口可樂瓶。事實上，在CHEMEX購買者的評價裡，很多人不只是因為可以喝到口感純淨、均衡的咖啡才購買，也有是因為其優雅造型的緣故。CHEMEX優美的設計已經受到全世界的肯定，連紐約現代美術館、史密深尼（Smithsonian）自然博物館、費城藝術博物館等地都作為永久展示品收藏，同時也是美國伊利諾理工學院所選定的現代設計百選之一。

濾紙摺法

〔未預摺半月形濾紙〕

1. 半月形濾紙對摺。

2. 突出來的小扇形部分往大扇形方向摺進去。

3. 再對摺一次。

4. 三層較厚的部位朝向排氣通道放入漏斗內。

〔未預摺圓形濾紙〕

1. 圓形濾紙對摺。

2. 對摺後的濾紙再對摺一次。

3. 三層較厚的部位朝向排氣通道放入漏斗內。

〔已預摺圓形／方形濾紙〕

1. 三層較厚的部位朝向排氣通道放入漏斗內。

相似的其他二款

CHEMEX大致上可以分為經典（Class）、玻璃把手（Glass Handle）、手工吹製（Hand Blown）三種款式。玻璃把手款沒有原木握把，而是旁邊突出一個把手，因此從外型上的差異，很容易就能區分出來。但經典款和手工吹製款的造型乍看之下幾乎一模一樣，但手工吹製款卻比經典款貴了三倍以上。這種價格上的差別，在於器具本身是手工製造，還是機器製造。「手工吹製款」名副其實是德國玻璃工匠一口氣一口氣直接吹出來的高級型手工CHEMEX；而經典款則是機器量產的普及型CHEMEX。

[CLASSIC]
machine-made

[GLASS HANDLE]

經典款和手工吹製款有幾項特徵可供區別：

第一、最大的特徵是玻璃的色澤，帶點綠色的是手工吹製款；帶點透明乳白色的，則是經典款。

[HANDBROWN]
hand-made

第二、玻璃的厚度。手工吹製款使用的玻璃比經典款厚，所以看起來也比較厚實。

第三、排氣通道與底座的模樣，排氣通道的出口較圓，底座面較寬的，為手工吹製款。排氣通道出口有稜角，底座面相對來說較窄，呈圓形突出的，則為經典款。

除此之外，手工吹製款因為是手工製品，所以即使容量相同，但外型上會有若干差異，表面也稍有凹凸。經典款因為是機器製造，相同容量的產品，外型大小完全一致，表面也較平滑，器身上也可以肉眼看出有橫向連接線存在。

預備用品

CHEMEX手沖濾壺、CHEMEX專用濾紙、研磨咖啡粉（比滴濾用稍微粗一些/一人份約15g）、熱水（約攝氏93度）、細口壺、杯子。

1. CHEMEX專用濾紙摺疊後，三層較厚的部位朝向排氣通道放入漏斗中。

2. 注入熱水，潤濕濾紙，也溫熱壺身。同時也將熱水注入事先預備好的杯子裡順便溫杯。

3. 濾紙原位不動的狀態，將溫杯用的水透過排氣通道由出水口倒掉。

4. 將咖啡粉倒入濾紙中。

5. 在咖啡粉上澆注熱水，達到充分濕潤的程度後，靜置30秒。

6. 咖啡粉開始出現龜裂的時候，再開始注入熱水。從中心往外、再從外往中心，以螺旋狀的方式來回注水，到所需要的萃取量程度即可。這時注水量要越來越多，螺旋狀注水速度也要越來越快才行。

7. 以肚臍和木把為標準，確定咖啡液量是否足夠。萃取結束之後，清除濾紙。

8. 輕輕搖晃壺身，讓萃取出來的咖啡整體濃度均勻混合之後，倒入溫好的杯子裡。

不鏽鋼圓錐形濾器

使用CHEMEX的濾紙，雖然能喝到口感純淨的咖啡，但對於喜歡咖啡深層風味和稠度的人來說，味道太純了，反而不夠勁。深知咖啡愛好者如此需求的器材商，便開發出CHEMEX專用不鏽鋼圓錐形濾器。使用這種不鏽鋼濾器可以萃取出咖啡油脂，使咖啡口感變得更柔和，風味更佳。

CHEMEX的不鏽鋼圓錐形濾器也可以和哈里歐和KONO相容，價格約1,750元，幾乎可永久性使用，非常經濟實惠。不鏽鋼濾器比較環保，不過因為無法完全過濾掉微細咖啡粉，杯底會有少許細粉，因此喝咖啡時總得留下最後一口沒法喝。

醒酒瓶結構

CHEMEX的結構和葡萄酒的醒酒瓶很像，寬寬的底面能增加與空氣接觸的面積，窄窄的瓶口，可以鎖住香氣不外溢。如此的結構讓咖啡即使冷掉了，還是可以直接將CHEMEX放在熱源上加熱。與其他咖啡器具相比，較能維持咖啡的口感和香氣。雖說CHEMEX可以重新加熱，但玻璃製品加熱還是有危險，因此在重新加熱時，只用微火稍微熱一下就好。

高興就好的萃取方式

CHEMEX最大的優點就是不僅能以隨手澆注方式萃取咖啡，還能透過濾器的威力維持一定的口感。或許因為CHEMEX怎麼用都不會出錯，因此與其他咖啡器具相比，使用者更勇於嘗試多樣化的萃取法。搜尋YouTube，就能看到有人不經過悶蒸過程，直接注水之後，用攪拌棒攪一攪，讓咖啡粉和水充分混合，就開始萃取。也有一開始就先注入一定量的水，靜置一會兒之後再注入剩餘的水；也有在咖啡粉中間挖個洞，把水注入洞裡去；還有在悶蒸之後，只把水往中間部位澆注等等，各式各樣的方法都有。如果過去怕失敗，而不敢嘗試尋求自己獨家方法，現在您可以試試使用CHEMEX，大膽創造自己的咖啡手沖法，如何？

© photo by Yara Tucek

1 價位

〔CHEMEX〕

3人份經典木製防燙握把／3人份玻璃握把：1,800元。

6人份經典木製防燙握把／6人份玻璃握把：2,100元。

8人份經典木製防燙握把：2,400元。

Hand Blown（經典手工吹製）系列：

3人份經典木製防燙握把：3,600元。

6人份經典木製防燙握把：3,900元。

8人份經典木製防燙握把：4,200元。

〔消耗品〕

CHEMEX專用濾紙：100枚350元。

專用玻璃蓋：250元。

原木握把&皮繩：380元。

金屬線圈（使用電磁爐上時保護玻璃用）：210元。

專用清洗刷：380元。

2 保管

〔清洗〕

1.從CHEMEX上將殘留咖啡粉渣的濾紙直接取出丟入垃圾桶。

2.以清水和菜瓜布（或CHEMEX專用清洗刷）清洗壺內。如果使用洗潔劑的話，擔心會造成洗劑殘留，咖啡淬取時便會洗潔劑味道便會混雜進去，因此最好只用清水沖洗。

3.倒掉細口壺裡剩餘的水，等清洗乾淨的CHEMEX水分完全晾乾之後再收起來。

「咖啡課題」咖啡館裡，使用過CHEMEX手沖濾壺的5名職員所做的綜合評價。

使用便利性
■■■■□ 4.2   有濾紙就夠了，其他我什麼都不用做。

清洗保管
■■■■□ 4.0   只要小心別打破，清洗、保管都很方便。

享受樂趣
■■■■□ 4.3   在旁人面前很有面子。

經濟性
■■■■□ 4.0   如果只當成一個玻璃壺來看的話，價格不菲，但值得擁有。

外型設計
■■■■□ 4.1   隨處一放，就是一件漂亮的擺設！

推薦配方   RECOMMEND RECIPE

使用鐵製錐形濾杯的單品咖啡

不用濾紙，改用鐵製錐形濾杯試試看，萃取方法和用紙濾杯一樣，但只是換了一種濾杯而已，就能感受到咖啡油脂的柔醇滋味，以及更香濃的稠感。但咖啡液中會混雜細粉，如果你能忍受如義式濃縮咖啡裡的咖啡細粉就沒問題。

咖啡豆的保存

購買和保存咖啡豆、和保存食材沒有太大的差別,想喝到新鮮、美味的咖啡,就要看您購買了什麼咖啡豆、如何保存。咖啡豆一經過烘焙之後,新鮮度就大打折扣,開始變質。尤其是研磨之後,香氣就開始減弱,味道也開始走味。當然咖啡粉沒壞,保存期限也有一年之久,但比保存期限更重要的是「賞味期限」,一般來說,研磨咖啡粉最多不得超過兩天。

咖啡豆經過烘焙便開始氧化,香味揮發、成分變質。因此便有許多包裝法被開發出來,以遏阻這種情況。防止氧化的包裝法大致分為兩種方式,一種是抽掉容器內部的氧氣,充填氮氣;另一種就乾脆採取真空包裝。但再好的包裝法,一旦開封之後,還是無法阻擋氧化的腳步!一個裝滿咖啡豆的袋子,裡面的氧氣量已經足以氧化十袋等量的咖啡豆。而咖啡豆再經過研磨之後,氧化速度會比未研磨時更快得多。

咖啡豆遇上陽光，會出現化學變化，水分蒸發，開始變質。溫度越高，變質的速度越快，因此一般都建議將咖啡豆冷藏或冷凍保存。但咖啡豆本身很容易吸收外在的味道和水氣，因此若不使用能阻斷外部空氣的密封容器，咖啡豆便會出現異味。而且從冰箱裡取出時，咖啡豆會因為與周圍環境的溫差，周身開始凝結水氣，咖啡豆吸收了水氣便會變軟、走味。因此，最好還是儘量避免冷藏或冷凍保存。

為了喝到新鮮咖啡，建議購買烘焙後二週內的咖啡豆，一次只買夠喝一～二週的份量。然後放在附有單向真空閥（aroma valve，可以將內部空氣擠壓出去，而不使外部空氣進入的一種閥門裝置）的包裝袋裡，保存在太陽曬不到的陰涼處，要喝之前才研磨。

FLANNEL DRIP 法蘭絨濾布

「這個衛生上沒有問題嗎?」

當我將泡在淨水裡冷藏保管的法蘭絨濾布拿出來的時候,好友C突然問了這麼一句話,似乎盛滿咖啡液的法蘭絨濾布,比濾紙更不可信賴。我馬上回答,或許乍看之下如此,但只要保管方式正確,一點問題也沒有,請她安心。可是她知道嗎?為了喝這杯稠感豐富的咖啡,我得多勤快才行……。

品名：HARIO 法蘭絨濾布 DFN-1/3

尺寸（長×寬×高）：

1. 1〜2人用 / 95×93×168mm

2. 3〜4人用 / 110×101×195mm

材質：

1. 濾架 / 不鏽鋼

2. 濾布 / 純棉（法蘭絨 flannel）

1.**濾架**：一種帶手把的濾架，讓濾布可以套上去使用。

2.**濾布**：滴漏、過濾一次完成。

法蘭絨濾布的歷史 HISTORY

17、18世紀時，歐洲的咖啡是將咖啡粉和砂糖放進水裡一起煮，以土耳其式的咖啡為主流。問題是咖啡粉渣會留在嘴裡，感覺怪異，口感也非常不好。為了改善，便想出了在咖啡煮好之後用布先過濾再喝的方法。後來就出現了先在濾器裡放咖啡粉，再注水萃取的手沖咖啡。當時還沒發明現在普遍使用的紙濾杯，因此手沖咖啡都是使用名為「flannel（法蘭絨）」的一種布料來過濾，這種萃取法是法蘭絨濾布手沖咖啡的起源。18世紀之後濾布手沖咖啡在歐洲形成流行風潮，英、美等英語系國家直接借用法蘭絨布的名稱，稱之為「Flannel drip（法蘭絨濾布手沖咖啡）」，日本人則取最後一個音節，簡稱為為「Nel drip」。

稠度帝王

法蘭絨濾布手沖咖啡被評價為手沖咖啡中稠度最好的，主要原因是以濾紙為主的濾器，咖啡油脂和其他咖啡成分（不溶性固形物）會被濾紙過濾掉，因此使用濾紙的咖啡口感乾淨，但有點單薄；反而濾布特有的纖維結構，能讓這些成分輕易通過。使用濾布的咖啡口感濃稠，可以感受柔滑順口的風味。因此法蘭絨濾布手沖咖啡，才會被冠上諸如「稠度帝王」、「手沖咖啡之王」等華麗的形容詞。

個性滿分

不同於其他手沖咖啡器具，法蘭絨濾布因為材質上的伸縮特性，使得咖啡粉在其中能自由膨脹，因此隨著悶蒸和手沖方式的不同，咖啡的味道也有不一樣的變化。例如在悶蒸時，將濾架以畫圓方式晃動，讓水均勻沁散到咖啡粉層裡，注水時再採取點滴式滴濾法來萃取咖啡；也有在注水時，細口壺不動，而是以畫圓方式晃動濾架的特殊技法。以多樣化萃取法自豪，同時也是最有個性的法蘭絨濾布手沖咖啡，在日本已經頗為普及，但在其他國家卻因為保管費事較不流行。

要衛生，還是要美味，這是個問題！

法蘭絨濾布必須放在淨水中冷藏保管，絕對不能曬乾。實際上哈里歐的法蘭絨濾布說明書裡也註明「Do not allow the filter to dry」。因為絨布晾乾的話，其特殊纖維組織會受到破壞，使法蘭絨濾布手沖咖啡所特有的風味受損。但將絨布放在水裡，又會讓人質疑其衛生問題。料理食物時所使用的布片或棉布，一般都會建議最好清洗之後放在陽光下晾乾。有位網友將在陽光下曬乾的絨布，和放在自來水裡保存的絨布，同時拿去做檢測，發現在陽光下曬乾的絨布裡，只檢測出微量的普通細菌；但放在自來水裡保存的絨布中，卻被檢測出1ml裡含有170cfu的真菌（黴菌），遠比正常飲水中所含有的真菌標準值（100cfu/1ml）還高。這麼說，使用法蘭絨濾布所萃取的咖啡，不就衛生堪慮？那可不一定！因為實驗中所使用的水是一般的自來水，而不是純淨水。再者，絨布使用前先在滾水裡消毒也起到殺菌的作用。因此，最好還是使用存放在淨水裡冷藏保管的方法，才能兼顧衛生與咖啡的美好滋味。

濾布表裡差別

法蘭絨濾布的一面是絨，一面是棉，這個差別用手摸摸看就能察覺。絨毛這面較軟，因此絨面朝裡萃取咖啡的話，時間變長，濾布滴濾法才能保持的濃醇香滋味。不過絨面朝外萃取也不算錯，可以兩面都萃取看看，之後再以符合自己喜愛風味的那面來萃取咖啡就行。絨面朝裡、棉面朝外的話，縫線會外露，看起來像是濾布裝反了的樣子，但不影響使用。

初次使用的小絕招

初次使用法蘭絨濾布時，要先將濾布放在淨水裡煮上3分鐘左右。直接拿來萃取的話，會散發布味，而且纖維組織細密，萃取不易。水煮的時候，可以放一點咖啡粉下去，能更有效地消除布味。煮好了的濾布放在水龍頭下沖乾淨，再輕輕把水分擠壓出來，太用力擠壓的話，會破壞纖維組織，因此千萬不要像扭抹布一樣用力扭乾，然後再覆上乾毛巾輕輕按壓，將水氣完全壓出。接著就能將濾布套進濾架裡，使用前準備工作完成！

預備用品

濾杯、耐熱玻璃壺、細口壺、法蘭絨濾布、濾架、杯子、研磨咖啡粉（研磨度比滴濾式咖啡稍粗，約17g）、熱水（1人份約200ml，水溫約攝氏93～95度）。

1. 拿出泡在淨水中的法蘭絨濾布後，輕輕擠出水分。

2. 然後再覆上乾毛巾用力壓擠，務必將水分最大限度地去除掉。

3. 將濾布套在濾架上。

4. 在濾布、玻璃壺和杯子裡注入熱水溫杯。

5. 倒掉咖啡壺中的溫壺水,將咖啡粉放進濾布裡,輕輕晃動保持咖啡粉表面平整。

6. 注水時的水柱要比平時手沖滴濾式咖啡要粗一點,到咖啡粉完全濕潤的程度後,靜置悶蒸。

7. 然後再緩慢地以細水柱,採螺旋方式由內而外來回注水3次。萃取出所需要的量之後,即可停止萃取,移開濾杯。

8. 輕輕晃動盛放咖啡液的玻璃壺,讓濃度均勻混合。接著倒掉杯中溫杯用的熱水,再倒入咖啡。

考慮布的特性

如果按照一般手沖滴濾法來萃取咖啡，其實也沒什麼大問題，但如果考慮到絨布本身特性，不妨也可以使用一些萃取上的小撇步。首先出於材質特性上，放入咖啡粉時濾布的長度會被拉長，同時水穿透咖啡粉層的距離也會變長。因此在研磨咖啡豆時，要磨得比一般手沖咖啡稍微粗一些，才不會造成過度萃取的情況。

更高溫、注水更細長

濾布萃取時，水沁流而下的速度和轉涼的速度都很快，因此要使用比一般手沖咖啡更高的水溫，水柱也要更細，注水也要費心更緩慢地注入才行。

咖啡粉量＝足夠壓力

法蘭絨濾布和一般固體濾器相比，因材質特性，悶蒸時無法製造出足夠的壓力，因此最好放入比一般手沖咖啡更多的咖啡粉量，才能製造出足夠的壓力來。

1 價位

濾布＋濾架＋專用咖啡壺：依材質不同約1,200〜2,200元。

濾布＋濾架：約360元。

濾布：約400元（3入）。

2 保管

1.每隔1〜2天換一次保鮮盒裡的水。

2.濾布用得次數越多，越容易損耗，會堆積咖啡油脂，因此大概使用80〜100次之後，最好更換新的濾布。

〔清洗〕

1.清除濾布內的咖啡粉殘渣。

2.以流動的水（最好是從淨水機出來的淨水）沖刷乾淨濾布上剩餘的咖啡細渣。沖洗時絕對不可以使用清潔劑或肥皂。

3.盛在可加熱的鍋子之類容器裡，倒入淨水後煮滾。

4.煮約10分鐘之後，放涼，再一次以流動的水沖洗。

5.置於保鮮盒中，倒入淨水後，冷藏保管。

6.使用前先輕柔擠出水分，再放入滾水中煮沸，以乾毛巾壓乾水分。

團隊評價   STAFF'S EVALUATION

「咖啡課題」咖啡館裡，使用過法蘭絨濾布的5名職員所做的綜合評價。

使用便利性

■■□□□   2.0   只要有夠多的時間和好心情，法蘭絨濾布是不二的選擇。

清洗保管

■□□□□   1.2   味道最棒，但要濾布保管上很費事。

享受樂趣

■■□□□   3.3   比手沖咖啡更能沖煮出口感各殊的咖啡。

經濟性

■■■□□   3.5   必須時常買新的濾布更換。

外型設計

■■■□□   3.7   法蘭絨濾布的雄姿，只有拿在沖煮咖啡的人手上才能綻放光芒。不用的時候，就是一塊布罷了！

推薦配方   RECOMMEND RECIPE

使用法蘭絨濾布所萃取出來的咖啡，會比一般滴濾式咖啡要濃。但如果稍微增加原本的咖啡豆量，萃取出味道更濃的咖啡之後，加上鮮奶或奶泡，便能享用不同於義式濃縮咖啡風味的卡布奇諾。

Q. 煩請自我介紹。

A. 我是哈里歐股份有限公司的岡安和樹,負責亞洲地區。在得到咖啡講師資格的同時,也把所學用在營業活動上。

Q. 請簡單說明法蘭絨濾布手沖咖啡的特性?

A. 法蘭絨濾布手沖咖啡最受矚目的一點就是,它是目前普及全球的第三波咖啡(Third Wave)(譯註:指的是2002年美國在咖啡界所創造的第三波咖啡運動,生產高品質的咖啡,採取適當的沖煮方式,將咖啡的價值提升到最大)中的代表性萃取法「濾紙手沖咖啡」的原型。法蘭絨濾布手沖咖啡是1820年英國人所發明的,簡化之後,就成了濾紙萃取法。它的特色是在萃取時,咖啡粉可以自由膨脹,充分悶蒸,因此咖啡口感醇厚。目前在一些老咖啡店裡還是採用此法。

Q. 當初是在什麼情況下第一次接觸法蘭絨濾布手沖咖啡?

A. 原本我一直使用濾紙萃取咖啡,而法蘭絨濾布手沖咖啡可説是穿透式萃取法的始祖,於是我就想嘗試使用法蘭絨濾布來萃取咖啡。

Q. 您覺得法蘭絨濾布有什麼優缺點?

A. 優點是悶蒸過程中咖啡粉可以自由膨脹,缺點是保管上挺費事。

Q. 一般認為，法蘭絨濾布的保管法有衛生上的問題，您的看法呢？

A. 法蘭絨濾布的保管確實不太方便，但從衛生上來講的話，我認為只要定期更換保鮮盒內的水，那麼就一點問題都沒有。如不放心，使用前再用滾水燙一下殺菌即可。

Q. 有很多人認為法蘭絨濾布長期不使用的時候，必須時常換水很麻煩，乾脆冷凍保管，您覺得呢？

A. 的確有人會偶爾採取冷凍保存，阻止細菌的繁殖。

Q. 您實際上多久使用一次法蘭絨濾布？

A. 忙的時候，一般使用濾紙。但週末閒暇時，我一定會用法蘭絨濾布萃取咖啡。

Q. 您可以推薦以法蘭絨濾布萃取的花式咖啡／經典咖啡配方嗎？

A. 使用稍微深焙的咖啡豆，萃取後的咖啡液裡添加一點蜂蜜混合，最後再灑上一點肉桂粉，就能享受一杯美味的咖啡。

Q. 請以一句話來定義法蘭絨濾布手沖咖啡？

A. 手沖咖啡的原型。

Q. 除了法蘭絨濾布之外，您主要還使用哪些咖啡器具？

A. 主要使用濾紙，因為簡單地就能萃取出和法蘭絨濾布手沖咖啡相似的味道。

Q. 咖啡對您的意義？

A. 忙碌時，一杯咖啡能轉換好心情！

Q. 最後，請您對法蘭絨濾布愛用者說句話。

A. 讓我們再一次掀起法蘭絨濾布流行風潮吧！

咖啡的98%是水！該用什麼水？

到歐美旅行的時候，喝到美味咖啡常會買了帶回來，萃取咖啡時，還會一一確認研磨度、水溫、萃取時間、水量等等，幾乎完全複製了整個過程，但就是沖煮不出那時的美味。有時候我們在家明明就覺得很好喝的咖啡，外出露營帶了出去，用當地的地下水沖煮，卻少了在家喝時的好風味，明明用的就是家裡帶來的器具，也按照了慣用的配方萃取，怎麼會這樣呢？

碰上這種情況，我們就要想想是否問題出在萃取咖啡時的用水上。

咖啡的98%以上都是水，當然會因為水質而使得咖啡味道有所改變。地下水、礦泉水、自來水、淨水，這些水光喝就可以感覺到味道的不同。重要的是，水質不同，咖啡成分溶解的程度也不同。礦物質含量高的水，咖啡成分不易溶解；酸度高的水，咖啡會有股酸味。那麼，究竟要用哪種水來萃取咖啡呢？對此，美國精品咖啡協會SCAA整理出咖啡萃取時最適合的水質標準為150mg/L，酸鹼質為7.0左右。台灣水質因地而異，除了氯含量之外，其他項目都符合標準。氯氣會散發類似消毒藥水的味道，大大影響到咖啡的味道，因此，也有人以礦泉水代替自來水萃取咖啡。礦泉水成分大部分都符合了SCAA的標準，但法國天然礦泉水如Evian或其他礦物質含量高的礦泉水，就SCAA的標準來看，不適合用來萃取咖啡。如果使用自來水，最好煮沸過，或靜置一天的時間，讓氯氣揮發掉再用，如果是純水或一般礦泉水，直接使用即可。

VIETNAM CAFE PHIN 越南滴滴壺

「奇怪，每次喝了酒第二天早上起來，總會想喝一杯這個?」

H先生，每次喝了酒第二天總是會來店裡喝一杯越南咖啡，似乎已經沉醉在越南咖啡甜膩膩的滋味裡。他說在其他地方的煉乳咖啡，喝不出這裡的味道，要我告訴他秘訣在哪裡。我說，我只不過是使用越南產的羅布斯塔（Robusta）咖啡豆，以越南咖啡濾器滴滴壺沖煮而已，越南咖啡就得用越南豆，這就是秘訣!

品名：越南滴滴壺

材質：不鏽鋼

尺寸（長×寬×高）：90×90×68mm

1.**蓋子**：做為蓋子的同時，當萃取中要拿開壺身時，蓋子就可以反過來當成壺身的底座。

2.**壓板**：用來壓平咖啡粉，也讓熱水能較緩慢地滲透咖啡粉中。分為鎖螺絲方式的壓板，和一般沒有固定裝置的壓板。

3.**壺身**：放入研磨咖啡粉和注水的滴濾器具，有些產品下方還多了一個金屬製過濾底座。

越南的咖啡始於1875年法國殖民地時期，一位法國傳教士栽了一棵咖啡樹，自1890年起，以高山地帶的安南山脈為中心，與當時同屬法國殖民地的寮國、柬埔寨開始大規模種植咖啡樹。越南的咖啡栽種事業雖然起步較寮國、柬埔寨晚，但基於優越的氣候與地理條件，現在已經成了全世界第二的咖啡生產國。越南滴滴壺大概也是在越南剛開始種植咖啡樹的時期就已經發明，不過雖然名稱冠上「越南」兩字，據説卻是由柬埔寨製造出來的。雖然無法得知正確的年代與發明者，但可確定的是，滴滴壺早於一八○○年代就已經在印度支那半島上被使用著。

1996年6月16日，25歲的醫學院學生鄧黎原羽（Dang Le Nguyen Vu）毅然放棄醫學院課程，決定與3名好友集中精力好好經營自己小小的咖啡豆烘焙店。爾後，這家店發展成為分布在47個國家裡有一千多家連鎖店的大企業集團，這就是有越南星巴克之稱的「中原咖啡（TRUNG NGUYEN COFFEE）」。中原咖啡館一律採取適合越南氣候的露天咖啡座位，穿梭店內的服務生也都穿著越南傳統服飾奧黛（Ao Dai）。店裡提供以義式濃縮咖啡為底的基本調製飲品，以及各種非咖啡飲料。其中最具代表性的飲品，還是使用越南滴滴壺所調製出來的越南咖啡。有趣的是，可以在中原開發的6種咖啡豆「創作（Creative）1號～5號／貂咖啡豆（Legendee）」中自行選擇一種萃取調製。當然，依照咖啡豆種類和是否添加煉乳，價格上也稍有差別。

創作1號：羅布斯塔圓豆（Peaberry）。

創作2號：阿拉比卡和羅布斯塔的配方豆（Blending）。

創作3號：越南邦美蜀（Buon Ma Thuot）品種的阿拉比卡咖啡豆。

創作4號：阿拉比卡、羅布斯塔、卡第摩（Catimor）、伊克賽爾塞（Excelsa）圓豆的配
　　　　方豆。

創作5號：阿拉比卡圓豆。

貂咖啡豆：重現貓屎咖啡（kopi Luwak）風味和香氣的咖啡豆。

以伴手禮攻佔G7

越南旅行的伴手禮「G7」咖啡，是中原咖啡於2003年所開發的三合一即溶咖啡。G7原是指美、法、英、德、義、日、加拿大七大先進國家的專有名詞，以攻佔此七國咖啡市場為目標的中原咖啡就以此為名，2006年甚至成為亞歐會議（ASEM）和亞太經合會議（APEC）的指定咖啡。在烘焙階段，還加入白茅根、八角、豆蔻、防風、銀杏、靈芝等中藥材，以獨家技術混合之後，能散發出其他咖啡所沒有的口感和香氣，是極為特殊的即溶咖啡。

越南的咖啡歐蕾——Ca Phe Sua Da

我們所熟知的越南咖啡「Ca Phe Sua Da（冰煉乳咖啡）」，其中「Ca Phe」就是咖啡，「Sua」就是煉乳，「Da」就是冰塊的意思，合起來就成了越南人民酷暑時節最喜歡喝的清涼飲料，算得上是越南人民的精神食糧。從大街小巷的露天咖啡店到高級咖啡館，到處都喝得到。

Ca Phe Sua Da出現在法國殖民地時代。喜歡喝咖啡歐蕾的法國人，即使到了殖民地也無法放棄這項喜好，但當時的越南不僅缺乏生產牛乳的基礎設施，而高溫多雨的氣候也不適合牛乳的存放。雖然法國人也試著想從法國直接運送牛乳過來，但法國到越南船隻長期航行期間，沒有辦法保持牛乳不會腐敗。最後為了提高牛乳保存期限，開發出煉乳，於是在越南便開始以煉乳代替牛乳使用。加了煉乳的咖啡，有深焙羅布斯塔咖啡豆苦苦的焦香味，和煉乳甜膩口感十分搭配。從此以後，不只是法國人，連越南當地人都愛上了這番滋味。隨著冰箱的普及，人們也開始在煉乳咖啡裡加入冰塊，甜甜香香的越式咖啡自有特殊魅力，廣受歡迎。

傲慢與偏見

越南咖啡一般都使用越南產的羅布斯塔咖啡豆。很多人認為羅布斯塔咖啡豆屬於劣質豆，只能用來製作即溶咖啡，但這個偏見實在是一大謬誤。事實上比起粗劣的阿拉比卡咖啡豆，優質羅布斯塔咖啡豆的味道更好，價格也更低廉。羅布斯塔咖啡豆的價值，只有在混合了其他咖啡豆或糖漿之後，才會顯現出來。在義大利，義式濃縮配方豆（espresso blending）經常混合了10%優質羅布斯塔咖啡豆，有助於萃取出厚厚的一層克力瑪和滑潤的稠感，搭配上牛乳，比全用阿拉比卡咖啡豆為配方的拿鐵還美味。就像作菜也分主食材和調味料一般，阿拉比卡咖啡豆的特性就像主食材，羅布斯塔咖啡豆則像調味料。所以阿拉比卡咖啡豆和羅布斯塔咖啡豆的差別，不在品質高下，而在角色的不同。

壓板側翻

越南滴滴壺的壓板,分為沒有固定裝置的普通款和鎖螺絲款。鎖螺絲款因為壓板被固定住了,萃取過程中不會出現側翻的情況。但普通款壓板在萃取過程排氣時,就有可能出現側翻的情況。因此如果是用普通款壓板,建議最好用一根筷子或小湯匙頂住壓板,再開始注水。

等待時間較長

使用越南滴滴壺時,到咖啡完全萃取完畢,要花比想像中更長的時間,整個萃取過程要等4～5分鐘,請耐心地欣賞咖啡滴落杯中的瞬間吧。

預備用品

越南滴滴壺、杯子、研磨咖啡粉（磨細的滴濾式咖啡用，約10～15g）、熱水（攝氏90～92度，約100ml）、煉乳（15～20g）、冰塊、細口壺、小湯匙。

1. 先將煉乳約15～20g倒入杯子中，再將滴滴壺架在杯子上。

2. 打開蓋子，從壺身中取出壓板後，再倒入咖啡粉。倒入時稍微輕輕晃動，讓咖啡粉表面保持水平狀態，再放上壓板。

3. 從中央往外以螺旋方式注入少許的
水之後，悶蒸。

4. 靜置約30秒，等待悶蒸完畢。

5. 從中央往外，以螺旋方式注入熱水，
小心不要滿過壓板把手高度，水量到滴
滴壺兩側橡膠塞處即可，然後蓋上蓋
子。

6. 萃取完成後，移開滴滴壺，在咖啡液
中倒入煉乳，用小湯匙均勻攪拌。

© photo by Andrea Schaffer

在越南當地喝過咖啡的讀者可能會發現，即使按照配方沖煮，感覺還是少了在
當地喝的風味，主要是因為咖啡豆與煉乳的不同。想喝出當地的咖啡滋味，首先
就必須更換咖啡豆，但我不使用越南生產的熟豆，因當地烘焙咖啡豆狀態普遍
不佳，就算是好豆子，為了迎合當地人的口味會添加香料進去。再者，越南的煉乳
也不同，基本上味道更甜，也添加了更多甜味劑。在萃取方法上，越南當地將咖
啡豆磨得更細，而且水也不是一次注滿，而是分多次一點一點澆上去，萃取時間
更長……考慮到身體健康，越南咖啡的在地風味，在當地享用就好！

1 價位

〔越南滴滴壺〕

低價型約100～200元，高價型約350～600元。

2 保管

不需要特別的保存法，只是在倒掉咖啡粉殘渣時很容易連壓板一起丟掉，要格外注意。

〔清洗〕

1.拿出壓板後，清除滴滴壺身內的咖啡粉殘渣。

2.使用較軟的菜瓜布清洗壓板和滴滴壺。

3.等水分完全晾乾之後再收起來。

團隊評價   STAFF'S EVALUATION

「咖啡課題」咖啡館裡，使用過越南滴滴壺的5名職員所做的綜合評價。

使用便利性

■■■■◧ 4.5   只要懂得把水澆注進去，就能沖煮出咖啡來。

清洗保管

■■■■◧ 4.5   結構簡單，材質也不易腐蝕，清洗也很便利。

享受樂趣

■■■◧□ 3.8   看著滴滴壺裡一滴滴落下的咖啡液，心情也隨之淨化。

經濟性

■■■◧□ 3.9   大熱天喝一杯加冰塊的越南咖啡，無限清涼！不過煉乳不便宜耶！

外型設計

■■■□□ 3.1   一分錢一分貨，越南製造的精巧度有待改善，不夠好看。

推薦配方   RECOMMEND RECIPE

又苦又甜的越南羅布斯塔咖啡豆、甜膩的煉乳，再加上冰冰涼涼的冰塊，就組成了一杯越南冰煉乳咖啡。風味絕佳，已獲得眾人認證！

勤練基本功：萃取法

好的咖啡師要能夠根據飲用者的喜好，沖煮出最適合口味的咖啡，我的經驗是先以最基本的萃取法讓顧客品嘗一下味道，以此為根據調整相關變數之後，通常都能萃取出符合消費者喜好的咖啡。一言以蔽之，咖啡師就是了解與咖啡相關的所有變數，並懂得掌控這些變數來萃取咖啡的人。

成為咖啡師的基本功，就是要學會基本萃取法。例如手沖咖啡時，先設定好基本的萃取標準：悶蒸30秒、全部萃取時間2分30秒、水粉比15:1、水溫攝氏90度、研磨度4等等。用基本設定來萃取新豆，品嘗一下味道，就能知道此豆的特性，以此為基礎，想要更明亮清淡，可以將咖啡豆研磨得粗一些，萃取時間縮短一點，水溫稍微降低一些；相反地，想要喝出龐雜風味，可以將水溫升高一些，萃取時間拉長一點，研磨度更細一點。如此過程反覆幾次之後，便能找到最適合新豆的配方。

DUTCH COFFEE 冰滴壺

「這裡面加了酒,對吧?」

第一次品嘗冰滴咖啡的N先生,大概把咖啡入喉的絲滑感,和熟成後的多層次口感,誤以為裡面添加了酒,即使我再三強調沒加酒,他仍舊抱持著懷疑的態度,就因為一杯足夠熟成的冰滴咖啡,我差點被人當成了騙子!

品名：哈利歐壓克力冰滴咖啡壺（HARIO WDC-6）

材質：耐熱玻璃、壓克力、矽膠

尺寸（長×寬×高）：155×190×520mm

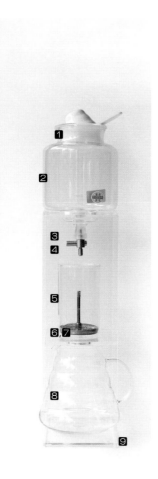

1.**蓋子**：防防止異物掉落盛水器和咖啡壺內的壓克力蓋，萃取時蓋在盛水器上，萃取結束後，則蓋在盛放了咖啡液的咖啡壺上。

2.**盛水器**：玻璃容器，可盛放約850ml的水。

3.**防漏矽膠橡圈**：裝在盛水器下端，以便和出水調節器無縫接合。較小的一端套進盛水器下端，再將突出在外的較大一端向外反折上來。

4.**出水調節器**：調節出水量的鐵製閥門，調節手把呈垂直狀態時出水，呈水平狀態時停水。

5.**咖啡粉杯**：盛放咖啡粉的容器，最多可盛放80g左右的咖啡粉。

6.**金屬過濾器**：位於咖啡粉杯內部，可防止咖啡粉落入咖啡壺中。

7.**濾紙**：咖啡粉杯中放入咖啡粉後，上面再放上一張濾紙，可使盛水器中滴落的水均勻分布到咖啡粉上。

8.**咖啡壺**：萃取出來的咖啡滴落處，約可盛放850ml的量。

9.**壓克力架**：可用來固定或支撐各項配件。

「一六○○年代荷蘭船員們從殖民地印尼載運咖啡回歐洲,途中因為船上沒有熱水,無法飲用熱咖啡,於是便想出了冰滴咖啡。用冷水萃取的咖啡,味道柔和順口,香氣撲鼻,不只是船員們,連一般人也很喜愛。」

以上是市面上時常聽到的冰滴咖啡起源故事,其實是日本咖啡業者們為了推廣冰滴壺虛構出來的,屬於市場行銷手段之一。事實上包括荷蘭在內的西方國家裡,主要並不是使用日本的點滴式(冰水一滴一滴落下來的萃取法),而是以所謂「冷泡法(Cold-Brew)」的浸泡式(將咖啡粉長時間浸泡在冷水中)冷萃而來。而且,西方也沒有所謂的「冰滴咖啡(Dutch Coffee)」,而是後來的咖啡業者聽了日本式冰滴咖啡起源故事之後,運用在市場行銷上。

近代浸泡式冷萃咖啡,又稱「冰釀咖啡」,是在1964年康乃爾大學化工系畢業生陶德・辛普森(Todd Simpson)偶然間喝到古代秘魯的濃縮咖啡之後,靈機一動便做出了冰釀咖啡「Toddy」。陶德・辛普森自己是咖啡愛好者,但妻子胃腸不好,所以他努力想沖出不傷腸胃的咖啡,才發明了最早的冰釀咖啡。

點滴式冰滴咖啡無法斷定是誰在什麼時候發明的,不過西方將日本的點滴式冰滴咖啡稱為「京都風咖啡(Kyoto-style coffee)」,或「京都咖啡(Kyoto coffee)」,從京都最老的咖啡館於一九三○～四○年代開業的歷史來看,推測可能是同一時期最早出現在日本京都吧,但事實如何,尚無法查證。

冰滴咖啡的咖啡因含量多寡？

很多人認為冰滴咖啡的咖啡因含量低，因為水溫越低，咖啡因越不容易溶解（咖啡因溶解的最低溫度為攝氏80度以上）。但是冷水所萃取出來的低量咖啡因，在長時間的萃取下累積起來也不容小覷，因此也有人認為冰滴咖啡的咖啡因含量是更高的，許多實驗結果也證明了這項說法。冰滴咖啡會因為各家咖啡館所使用的咖啡豆、水滴落間隔、總萃取時間的不同，咖啡因含量也大不相同，因此對咖啡因敏感的人，與其喝冰滴咖啡，還是喝低咖啡因咖啡較佳。

咖啡中的醇酒

冰滴咖啡乃是冷藏熟成之後飲用的咖啡，因此也被稱為是「咖啡中的醇酒」，即使在相同條件下所萃取的冰滴咖啡，因為熟成期不同，味道也有很大的差別。同樣條件下所萃取的冰滴咖啡各自放置一天、一週、二週、一個月熟成，經過盲測發現，不同熟成時間的味道、香氣不同，連個人偏愛的熟成期也不同。冰滴咖啡熟成的過程裡，咖啡成分的分子變大，會比剛萃取出來時更順口。隨著時間咖啡成分穩定下來，味道也逐漸發展出來，但過了二個禮拜後就會開始走味，風味平淡無奇，超過一個月開始酸壞。一般認為，熟成一週的冰滴咖啡味道最好，冰滴咖啡的保存期限通常訂為一個月，為了保鮮，一定要裝在密封容器裡冷藏保存，每次瓶蓋開關會讓空氣中的黴菌進入咖啡液，開封後也要盡快喝完。

冰滴咖啡只能冷飲？

大部分咖啡館裡出售的冰滴咖啡都是冷飲，這是因為加熱會使其香氣揮發，反而感受不到冰滴咖啡獨有的香氣。另一種喝法是溫飲，只要將冰滴咖啡原液倒進溫水裡，或隔水加熱，就能將香氣揮發的情況降到最低，感受冰滴咖啡的另一種魅力。

點滴式 vs 浸泡式

通常冰滴咖啡採取點滴式，以讓水一滴滴落下來的方式萃取，點滴式和浸泡式相比，萃取器具較貴，萃取方法和清洗、保管都很費事，但萃取出來的咖啡味道比浸泡式乾淨，香氣更豐富。相反地，浸泡式冰滴咖啡使用的器具價格較低廉，使用上較簡便，清洗、保管也較容易，但可能會出現因過度萃取而帶有苦味與異味，因此掌握萃取時間點是關鍵。不管選用點滴式或浸泡式，都是用冷水萃取的咖啡，和用熱水萃取的咖啡相比，兩者同樣香氣較為含蓄，咖啡油脂和脂肪酸較少，比較不傷腸胃。

COFFEE PROJECT

Roasted Bean
Brazil
Yellow Bourbon

Brewed Date
2015. 11. 0 5

Brewed by
COFFEE
PROJECT

洪水警報

點滴式冰滴咖啡在萃取過程中，常會發生水從咖啡粉杯裡淹漫出來的情況，我們常戲稱為「洪水」，造成的原因可能是使用了剛烘焙好、還沒排氣的咖啡豆，在萃取過程中咖啡粉膨脹過度；或是研磨度太細，使用壓粉器太用力，粉層壓得太緊實，造成水不易滲透排出；也有可能是咖啡細粉堵塞了下端的過濾器，或水滴速度太快等。解決方法是一發現就必須馬上關緊盛水器的出水調節，不要讓水繼續滴落，並用長匙在咖啡粉杯裡攪拌，讓水完全滲透下去。如果以上作法還是無法排除問題，就代表過濾器或研磨度問題嚴重，必須果斷地放棄正在萃取的冰滴咖啡，清空咖啡粉杯。解決之道是不要使用剛烘焙好的咖啡豆，調節水滴速度不要漫過咖啡粉杯裡的咖啡表面粉層，研磨度更粗一些或研磨後先用篩子將細粉篩掉再使用。

注意水滴速度

調整好盛水器裡的水滴速度，過了幾個小時之後，視情況會出現水不再從閥門裡滴落下來的現象。原因很多，但基本上多半是因為水壓的變化所造成，1公升的水壓和500毫升的水壓是不同的，當水一滴一滴落下後，水壓也會逐漸減輕，造成水滴速度越來越慢，到了某個時間點就停了下來。所以萃取過了1～2個小時之後，須視情況調整閥門讓水滴速度維持一致，要小心的是速度不能加得太快，否則不但會造成「洪水」，也很難維持一貫的味道。

預備用品

研磨咖啡粉（研磨度介於滴濾式咖啡和濃縮咖啡之間／200g）、冰水、濾紙、壓粉器、冰滴壺。

1. 將過濾器裝進咖啡粉杯中。

2. 咖啡粉倒入咖啡粉杯，咖啡粉杯約可盛放80g的咖啡粉。

3. 用壓粉器將咖啡粉杯中的咖啡粉表面輕輕壓平，如果沒有壓粉器可以湯匙背面小心輕壓。

4. 將冰滴壺裝用濾紙放在咖啡粉上，若無冰滴壺用濾紙，可將一般濾紙按照咖啡粉杯大小剪裁使用。

5. 在盛水器中盛水，咖啡粉和水的比率為濃1：5、淡1：10。考慮到含在咖啡粉中無法萃取出來的水量，可以放入比上述比率稍微多一點的水。

6. 滴水速度調節為每2秒一滴的速度。

7. 滴水速度會因為水壓逐漸變緩，因此每隔2～3個小時要確認一下，調整好每2秒一滴的速度。

8. 冰滴咖啡完全萃取結束後（約6～24個小時），輕輕搖晃萃取後的咖啡液，讓咖啡液濃度保持均勻，再倒入密閉容器中冷藏保存。

經濟性替代方案

放在咖啡粉杯上的濾紙，可以使用卡利塔公司所銷售的圓形濾紙，或愛樂壓濾紙，會更方便。也可以將隨處可見的手沖滴濾咖啡用濾紙，以剪刀裁減後使用。能買壓粉器最好，不然用湯匙背面，保溫杯或杯子底部都可以。

另類配方

很多人即使不購買昂貴的冰滴器具，也能想出各種方法來享受冰滴咖啡的樂趣，如果有法式濾壓壺，可以將咖啡粉和冷水以1:11的比例混合後，放在冰箱冷藏室保管。幾個小時之後，再壓下濾器，過濾掉咖啡粉，浸泡式冰滴咖啡就大功告成。或者，有愛樂壓的話，可以採用翻轉法（請參考第54頁愛樂壓使用撇步）來製造冰滴咖啡。在愛樂壓沖煮座裡倒進咖啡粉15g，冷水150ml，充分攪拌混合後，靜置4分鐘，再壓下壓筒萃取出咖啡液，完成！如果覺得以上的方法仍嫌奢侈，可以在網上找找「點滴管套件冰滴」或「寶特瓶冰滴」。雖然辛苦一點，但只要不到幾百元的價格，就能自製出冰滴道具來。

購買與保管 BUY/MAINTENANCE

1 價位

〔冰滴壺〕

點滴式冰滴壺依容量、材質、製造廠商的不同，價格有很大的差別。

小容量實惠款冰滴壺：約600～1,400元。

小容量高級款冰滴壺：約2,500～5,000元。

中容量高級款冰滴壺：約4,000～12,000元。

大容量高級款冰滴壺：約10,000～60,000元。

〔消耗品〕

壓粉器：約600～1,500元。

圓形濾紙：約65元（100枚）。

盛水器、咖啡粉杯、咖啡壺等，可以整組的1/3價格左右單獨購買。

2 保管

〔清洗〕

1.除去咖啡粉杯中的濾紙，倒掉咖啡粉殘渣。

2.從咖啡粉杯中取出金屬過濾器，以反時針方向旋轉拆卸後，清水沖洗。

3.咖啡粉杯和咖啡壺可以使用中性清潔劑和海綿清潔棒清洗。

4.盛水器平常要晾乾後保管，每兩週用中性清潔劑和海綿清潔棒清洗一次。

5.水分完全晾乾後再收起來。

COFFEE PROJECT

Roasted Bean

Kenya
AA Plus

Brewed Date

2015. 10. 3 1

Brewed by

COFFEE
PROJECT

「咖啡課題」咖啡館裡，使用過冰滴壺的5名職員所做的綜合評價。

使用便利性

■■☐☐☐　2.1　只要下定決心沖煮使用一次，就可以享用一週。

清洗保管

■■◧☐☐　2.5　玻璃製，保管時必須很小心，該清洗的配件也很多。

享受樂趣

■■■■◧　4.1　望著濃濃的咖啡一滴滴落下來，時間就在不知不覺中過去。

經濟性

■■◧☐☐　2.3　就算是實惠款的產品，價格也都不算便宜。

外型設計

■■■■☐　4.2　冰滴壺很容易成為空間的焦點。

推薦配方　　　　　　　　　　　　　　　RECOMMEND RECIPE

以水和咖啡粉呈1：5比例所萃取的濃醇冰滴咖啡，淋在香草冰淇淋上，就成了義大利甜點阿芙佳朵（Affogato）。冰淇淋緩緩融在冰滴咖啡裡，風味更佳。

咖啡等級

咖啡屬於農產品,因此每個國家的分級標準都不同,基本多是以咖啡風味、瑕疵豆、海拔與硬度等標準來分級,以下是主要咖啡生產國的分級標準:

主要咖啡生產國分級標準

國家	分類標準	等級	等級標準	參考
巴西	生豆每300g裡的瑕疵豆數	No.2 No.3 No.4 No.5 No.6	4個以下 5~12個 13~26個 27~46個 47~86個	評分不只看瑕疵豆,還看生豆顏色(分10階)和風味,沒有正式的No.1等級。
哥斯大黎加	咖啡栽種地的海拔高度	SHB (Strictly Hard Bean) 極硬豆 GHB (Good Hard Bean) 高硬豆 HB (Hard Bean) 硬豆 MHB (Medium Hard Bean) 中硬豆 HGA (High Grown Atlantic) 大西洋高海拔生長	1,200~1,650m 1,100~1,250m 800~1,100m 500~1,200m 900~1,200m	咖啡生豆的硬度會隨著海拔高度而產生變化,海拔越高,豆越硬,品質越好,等級越高。
哥倫比亞	篩網單位「目(Screen)」的尺寸(生豆大小,1目=0.4mm)	Premuim Supremo Extra European U.G.Q (Usually Good Quality)	18 17 16 15 14	也會以每500g中的瑕疵豆數來評分。我們熟知的Excelso,就是指可供出口的所有咖啡(包含Extra、European、UGC在內)。
瓜地馬拉	咖啡栽種地的海拔高度	SHB (Strictly Hard Bean) 極硬豆 HB (Hard Bean) 硬豆 SH (Semi Hard Bean) 半硬豆	1,400m以上 1,200~1,400m 1,000~1,200m	分為7級,以SHB、HB、SH Premium分級。

國家	分類標準	等級	等級標準	參考
衣索匹亞	生豆每300g裡的瑕疵豆數	Grade 1 Grade 2 Grade 3 Grade 4	Grade 1 Grade 2 Grade 3 Grade 4	Grade也可以簡單地以縮寫G來標示。 衣索匹亞各產地咖啡口味有很大的差別。
肯亞／坦尚尼亞	「目」的尺寸	AA A B C	18以上 17 15～16 14	PB（Peaberry）等級另訂。 *Peaberry（圓豆）：一個咖啡果實裡通常會有兩顆生豆，但圓豆裡則只有一顆。
夏威夷	「目」的尺寸＋生豆每300g裡的瑕疵豆數	Kona Extra Fancy Kona Fancy Kona Calacoli No.1 Kona Prime	19以上／瑕疵豆10個以內 18以上／瑕疵豆16個以內 10以上／瑕疵豆20個以內～ ／瑕疵豆25個以內	夏威夷其他島嶼上栽種的咖啡，也有以島名和品種作為商品名稱銷售。
印尼	生豆每300g裡的瑕疵豆數	Grade 1 Grade 2 Grade 3 Grade 4a Grade 4b	11個以下 12～25個 26～44個 45～60個 61～80個	貓屎咖啡另有單獨的分級標準。

超越以上分級標準，標榜在各種咖啡競賽中的名次和微批次（Micro Lot，高品質的小規模咖啡莊園）的莊園品牌咖啡豆，掀起精品咖啡的熱潮。

除了咖啡的等級之外，還有另一個重要的影響因素，就是採收期。咖啡豆的等級再好，如果是已經採收很久的生豆，就難以期待品質會有多好。生豆採收不到一年的稱為新豆（new crop.），1～2年之間的稱為舊豆（past crop.），存放3年以上的則稱為老豆（old crop.）。也有跨越兩個採收期的生豆，例如從2014年年底跨越到2015年初的咖啡，就會以14-15的方式標示，因此在2015-2016新一期咖啡豆採收前，也就是說到2015年底為止，還是被稱為新豆。

SYPHON 虹吸壺

「哇～真有意思！我手機在哪裡？」

第一次接觸虹吸壺的P先生，嘴裡發出讚嘆的同時，馬上掏出手機拍照。就像來到名歌手演唱會似地，興奮得不得了，想用手機一一拍下每個步驟，不放過萃取過程的任何一個細節。

誰都有如此時刻，第一次摸到智慧型手機，第一次看3D電影，還有第一次接觸虹吸壺，都是這副模樣。

品名：哈利歐虹吸式二人份咖啡壺（HARIO TCA-2）

材質：耐熱玻璃、聚丙烯、橡膠、不鏽鋼、布

尺寸（整體高×底座高×上座直徑）：345×190×87mm

1.**上蓋**：雖然是上座的蓋子，但萃取完成後，又可反過來當成上座的放置架。

2.**上座**：咖啡粉杯，萃取時水會被吸取上來，裡面安裝過濾器和盛放咖啡粉。

3.**下座**：盛水器，裡面裝水之後，由酒精燈加熱。容器表面上標示有水量記號。

4.**支架**：透過接合部位的螺帽，用來固定下座。

5.**金屬過濾器**：包括濾布和可撐開濾布的金屬板。將過濾器彈簧鉤穿過上座下端拉出勾住，固定好過濾器，萃取咖啡時可過濾咖啡粉。除了濾布之外，也可以使用濾紙，但得單獨購買。

6.**酒精燈座**：用來加熱下座裡的水，酒精燈座不包括酒精燃料在內，必須單獨購買。

7.**計量匙**：一匙為10g，一匙咖啡粉正好用來萃取一人份虹吸式咖啡。

虹吸壺的歷史

虹吸壺最廣泛使用的地區是日本，因此也讓人誤以為它是由日本人所發明。其實虹吸壺最早在歐洲出現，據說是1840年左右，由蘇格蘭的造船工程師羅伯特·納皮爾（Robert Napier）所發明。但嚴格來說，這樣的說法對錯各半，因為納皮爾所發明的虹吸壺，被稱為「平衡式虹吸壺（Balancing Syphon）」，又稱為「比利時皇家咖啡壺」，和我們現在常見的虹吸壺型態上有點不同。

我們常見的虹吸壺又由誰所發明？答案是一八三〇年代住在德國柏林的一名男子洛夫（Loeff），當時的虹吸壺不是用來沖煮咖啡，而是用在調製分子雞尾酒（應用分子化學molecular chemistry技巧的酒精飲料）。之後在1841年法國的瓦瑟夫人（Madame Vassieux）才發明了兩個圓球形玻璃瓶上下並排的法式虹吸壺（French Balloon），模樣可說最接近目前我們所使用的虹吸壺。在法式虹吸壺發明之後，陸續也出現一些改良版，像是多了把手、改用不鏽鋼材質等細部修改。

繼歐洲之後，一九〇〇年代，美國也掀起了一波虹吸壺風潮。1915年美國開發出以耐高熱強化玻璃所製造的虹吸壺，數家公司紛紛推出各種相似產品，展開專利爭奪戰。進入20世紀之後，日本好幾家公司也開始推出虹吸壺，其中以1952年KONO開發的虹吸壺在日本國內最受歡迎。

虹吸壺小故事

請問貴姓大名？

虹吸壺原本的名稱是「真空沖煮壺（Vacuum Brewer）」，在歐美地區為了強調這件器具採用真空方式萃取的特徵，特別冠上了「真空」一詞，也稱「真空咖啡壺（Vacuum Coffee Brewer）」或「真空壺（Vacuum Pot）」。虹吸壺為何又常被稱為「塞風壺（Syphon）」？這是因為日本KONO公司所開發的虹吸壺產品名稱就叫做

「塞風Syphon」，隨著這項產品在日本逐漸大眾化，就像「3M」的「Scotch Tape」成為透明膠帶的代名詞一樣，「Syphon」這個產品名稱也成了虹吸壺的代名詞。

咖啡萃取美學的極致

平衡式虹吸壺中，擔任盛水器和咖啡粉杯任務的盛水壺和玻璃圓瓶（Carafe），位置不是「上下」，而是「左右」排列。萃取過程中，水在兩邊器具裡來回流動，讓盛水器和咖啡粉杯像蹺蹺板一樣時上時下，以獲取平衡，所以才被稱為「平衡式虹吸壺」。相較於現有的虹吸壺，平衡式虹吸壺的造型看起來更高級，萃取過程也更華麗。萃取時，盛水壺裡的水會全部移往玻璃圓瓶。重量減輕的盛水壺就會往上升，原本靠盛水壺底卡住的酒精燈蓋子，因為盛水壺上升的緣故，失去依靠便自動落下，蓋滅酒精燈的火。之後玻璃圓瓶裡的咖啡液體又會被吸回盛水壺裡，這兩階段的過程在所有咖啡器具裡來說，算得上是最華麗好看的場景。

© photo by Nan Palmero

平衡式虹吸壺被套上「比利時皇家咖啡壺」的豪華頭銜，常讓許多想在家煮咖啡的民眾心動，但萃取過程費事，清洗、保管也很麻煩，價格也為現有虹吸壺的兩三倍。因此很多雄心壯志買回家的人，到最後不是拿來萃取咖啡而是當成家居擺設，或是有重要客人來的時候，才珍貴的捧出來使用。

電影裡的虹吸壺

電影《一路玩到掛（The Bucket List）》裡面，就有虹吸壺的登場。不是當成小道具擺設，而是有特寫鏡頭出現。劇中財閥企業家愛德華住院時，就有一幕他的秘書從高級提包裡拿出金光閃閃的平衡式虹吸壺及貓屎咖啡豆擺放在窗邊的場景。平衡式虹吸壺的高雅形象，更突顯出愛德華的富有，接下來的劇情裡也出現卡特向愛德華詢問平衡式虹吸壺，兩人對咖啡起源互相交流的場景。

分子熱雞尾酒

虹吸壺在最早發明的時候,不是用來萃取咖啡,而是要調製分子雞尾酒;換句話說,虹吸壺也可以用來調製魔幻般的熱雞尾酒。市面上有各種配方,以下介紹公開在網路上的其中一種配方:

放入盛水器裡的液料		放入咖啡粉杯裡的乾料	
琴酒	90ml	茉莉花	1朵
糖漿	90ml	乾薰衣草花苞	1/2大匙
水	300ml	良薑根薄片	25g
		長茅草	1根切兩半
		檸檬皮	1顆

1.液料混合後放入盛水器裡。

2.咖啡粉杯裡裝好過濾器後,將乾料倒入,上下座緊密接合。

3.下座盛水器加熱,等到液體升到上座之後,用木製攪拌棒或木匙輕輕攪拌。

4.靜置2分鐘之後,停止加熱,等液體全都回吸到下座盛水器之後,前後輕晃盛水器,再暫放在蓋子上。

5.將熱雞尾酒倒入杯中飲用。

擦拭下座器面

注意下座盛水器表面是否有水氣，最好養成習慣，每次萃取前先擦拭下座玻璃器面。因為在器面殘留水氣的情況下加熱，容器很容易破裂。

鎖緊螺帽

仔細觀察下座盛水器與支架的連結部位，可以看到支撐下座的固定夾和鎖緊固定夾的螺絲螺帽。長時間下來螺帽會慢慢鬆脫，為避免下座無預警地掉下來摔破，在萃取前最好先確認螺帽情況再使用。

記得購買酒精燃料

買虹吸壺的時候，沒有人會在酒精燈座裡裝滿酒精一起銷售，在購買虹吸壺的時候，記得就像買摩卡壺不忘順帶買圓形爐架一般，順道一起買酒精燃料。另外，萃取前要確認酒精燃料是否充足，以免燒到一半聞到燈芯焦味的悲慘情形。

濾布預先處理

購買虹吸壺時附贈的濾布若直接使用，棉纖味會滲入咖啡裡，加上棉織品細緻的組織結構，也會增加萃取的難度，因此有必要將濾布先用淨水好好煮過一次再使用。煮時如放進一點咖啡粉，就能有效去除濾布的棉纖味，煮過的濾布用自來水沖洗後，輕輕扭乾（太過用力會破壞纖維組織，切記不要像抹布般死命地扭乾），再將較柔軟的一面朝裡，拉緊邊緣繩線固定即可。

預備用品

研磨咖啡粉（比滴濾式咖啡稍微粗一點，一人份約10g）、水（一杯140ml／二杯280ml）、虹吸式咖啡壺、木製攪拌棒（或計量匙）、酒精燈、打火機、濾紙（或濾布）、咖啡杯。

1. 按照杯數標記，在下座中注入熱水，順便也在咖啡杯裡注入熱水溫杯。下座中先注入熱水，可加快萃取速度。

2. 將酒精燈座放在下座下方，點上火。

3. 以逆時鐘方向旋轉，將金屬濾板拆下來，中間放入濾紙後再依順時鐘方向旋轉，重新裝回去。如果使用濾布，則將較粗糙的一面朝外，拉緊邊緣繩線固定。

4. 裝好濾板的過濾器放入上座咖啡粉杯裡，有彈簧鉤的部位朝下，穿過上座下方管道後，將彈簧鉤固定在管道口，可利用木製攪拌棒使過濾器固定在正中央位置上。

5. 將研磨咖啡粉放進上座中，稍微晃動上座，使咖啡粉表面保持平整。

6. 放了咖啡粉的上座，不要一下子就完全插進下座中，先斜放著。

7. 等到下座的水開始沸騰時，再輕輕將上座完全插進下座裡。

8. 當水開始上升到上座時，計時1分鐘。

9. 等到水全升到上座後，以攪拌棒以畫圈的方式攪拌5次左右，讓咖啡粉和水能完全混合。這時如果攪拌得太深，可能會碰到過濾器，反而時咖啡粉渣跑進咖啡液裡。此外，攪拌次數太多的話，也會使咖啡變得太濃，務必注意。

10. 1分鐘時間到，先將酒精燈的火滅掉，攪拌棒以畫圈方式最後再多攪拌5次。

11. 靜置一會兒，上座的咖啡液會快速地流入下座中。（這時如果將浸泡過冷水的濕毛巾包住上座，內部空氣冷卻的同時會產生氣壓，更快地將咖啡萃取出來。）

12. 咖啡全部被萃取到下座之後，一手握著上座上端，一手握住支架把手，稍微前後搖晃一下上座，慢慢將上下座分離開來。

13. 倒掉溫杯的水，注入咖啡。剛從虹吸壺裡萃取出來的咖啡很燙，最好放涼1~2分鐘之後再喝。

使用滾水

使用虹吸壺萃取咖啡時，最花時間的事情就是等水煮滾。實際比較過使用沸騰的滾水、飲水機裡的熱水、淨水機裡的冷水放入虹吸壺中萃取咖啡的時間，發現使用滾水只要約5～6分鐘，使用飲水機熱水約9～10分鐘，使用淨水機的冷水則約15～16分鐘。也就是說，如果我們將咖啡粉和水混合的時間，以及水回落的時間以大約2分鐘來計算的話，以冷水來沖煮就得花10分鐘左右的時間。不管萃取過程再怎麼華麗，咖啡香氣再怎麼豐富，但光讓水煮滾就要等10分鐘，足以讓人對虹吸壺退避三舍，因此使用虹吸壺時，滾水是必不可少的。

換個熱源如何？

酒精燈熱源有限，另一個替代方案是使用鹵素燈（Halogen Beam Heater）。鹵素燈是靠鹵素燈泡強大的火力，瞬間產生高溫，同時具有調節溫度的優點，水很快可以煮滾上升，縮短萃取時間，萃取出來的咖啡口感更乾淨。不僅如此，鹵素燈所噴發出來的紅光，會讓萃取過程顯得更夢幻，表演效果更好。但鹵素燈的價格昂貴，一般要4,000元，日本進口15,000元，比虹吸壺本體貴多了！

先翻轉上蓋

為什麼上座咖啡粉杯在水完全煮滾前,只能斜放在盛水器裡呢?這是為了防止水在完全煮滾前,少部分的水會因為蒸氣壓力在咖啡粉杯裡上上下下,造成過分萃取的情形。最保險的使用習慣是是把上蓋倒過來,把上座插進蓋子裡,等水完全煮滾時,再將上下座接合。有人認為咖啡粉杯應該先溫杯,以免玻璃材質突然受熱會破損,但虹吸壺一般採用可耐熱100度以上玻璃,因此理論上破損的危險性很低。

紙 vs 布

濾紙萃取的口感更乾淨,屬於用過即丟的拋棄式產品,使用方便;濾布萃取的咖啡口感較豐富,但清洗、保管十分費事,每種濾器都各有優缺點,沒有對錯之分,按照自己想萃取的咖啡風味或喜好,挑選合適的濾器。

好滋味的小訣竅

將升到上座的水和咖啡粉攪拌均勻的工具，有人用計量匙的背面、或使用家裡的竹筷子，但最好還是購買塑膠或虹吸壺專用木棒來攪拌，請千萬不要使用不鏽鋼湯匙之類的金屬物質，以免咖啡粉杯的玻璃壁受損。

攪拌時，稍微或緩緩地攪拌，酸味較強；多次快速攪拌，焦苦味較強。根據此原則，可選擇攪拌的頻率速度，當咖啡粉杯裡出現咖啡液／咖啡粉／泡沫三層的時候，表示攪拌得當；如果看不到這三層，表示攪拌方法或力道、次數該有變化。虹吸壺有所謂的「魔法時刻（magic hour）」，就是指咖啡液落下來到最後尾聲之際，會萃取出一層黃金色泡沫，被稱為「金冠」，攪拌的次數越多，這些泡沫就出現得越多，萃取過程結束後，咖啡粉杯裡的咖啡殘渣呈穹頂狀，不會沾黏在玻璃壁上，代表攪拌過程完整。

1 價位

產品與配件依照容量、製造廠商、銷售地點的不同,價格上多少有點差異。

〔虹吸式咖啡壺〕

約1,250～3,000元。

〔配件 / 消耗品〕

各配件單或消耗品均獨銷售,因此可依個人需要單獨購買。這些也按照製造廠商、配件別、銷售處,價格各異,大致的價格如下:

上座咖啡粉杯: 約700～1,100元。

下座盛水器:約450～800元。

酒精燈芯:約60元(5入)。

金屬過濾器/酒精燈座組: 約200元。

濾布:約90元(10入)

濾紙:約150元(100入)。

〔光爐〕

鹵素燈(halogen beam heater): 約4,000～15,000元。

2 保管

包含哈里歐在內的虹吸壺製造公司，都沒有針對虹吸壺的保管提出特別的說明。本身的原理和結構十分簡單，玻璃製品小心破損，如果使用法蘭絨濾布，大概用15～20次左右就得更換新的濾布。

〔清洗〕

1.萃取結束之後，靜置待虹吸壺冷卻。

2.將咖啡粉杯反過來晃一晃，或用手拿著咖啡粉杯下端，對口吹一吹，把咖啡粉殘渣吹出來。

3.解開扣在咖啡粉杯下端邊緣的彈簧鉤，將金屬濾器拆下來。

4.如果使用濾紙，先將金屬濾器上下端以逆時鐘方式分解後，拿出濾紙丟掉即可。如果使用法蘭絨濾布，則從金屬濾器裡拿出濾布後，以清水沖洗，再放入滾水中煮沸。煮過的法蘭絨濾布放進淨水中冷藏保管。如果覺得濾布很難取下，可以直接連同金屬濾器用自來水沖洗後，放進淨水裡冷藏保管。

5.以柔軟的菜瓜布，不加洗劑（或用中性洗劑），在水龍頭下沖洗咖啡粉杯。不使用洗劑的原因，是怕洗劑裡的成分會殘留，影響到咖啡的味道。

6.盛水器連同支架一起清洗也可以，但最好還是拆解開來，以免支架上的螺帽生鏽。盛水器也同樣不用洗劑（或用中性洗劑），直接放在水龍頭下沖洗。

7.咖啡粉杯和盛水器放置時要儘快讓水排乾，等水氣完全晾乾之後再收起來。

「咖啡課題」咖啡館裡，使用過虹吸壺的5名職員所做的綜合評價。

使用便利性

■■■■◧□　3.5　開始要完全熟悉使用法需要花一點時間，一旦學會之後，就不時想拿出來炫耀。

清洗保管

■■◧□□　2.5　使用濾布過濾的話，費事費時，改用濾紙的話方便多了。

享受樂趣

■■■■■　4.5　當然是最架式十足的沖煮咖啡法！

經濟性

■■■◧□　3.5　使用滿意度也和價格成正比。

外型設計

■■■■□　4.0　若搭配上鹵素光爐，確實很引人注目。

推薦配方　　　　　　　　　RECOMMEND RECIPE

如果萃取衣索比亞耶加雪夫（Ethiopia Yirgacheffe Coffee）之類淺焙的咖啡豆時，比起濾紙，不如使用濾布，能萃取出更豐富的口感，就能品嘗到保有非洲豆狂野風味的虹吸式單品咖啡。

Q. 煩請自我介紹。

A. 我是丸山咖啡經理中山吉伸，2013年日本虹吸壺咖啡大賽冠軍，同一年世界虹吸壺咖啡大賽亞軍。我用虹吸壺萃取咖啡的熱源，主要使用酒精燈、登山用瓦斯爐、鹵素燈等。我相信以虹吸壺所萃取的咖啡，最能反映出精品咖啡的風味、特性，在第三波中是佔有非常重要地位的咖啡器具，所以正致力於推廣虹吸壺。

Q. 虹吸壺是什麼樣的器具，具有何種特徵？

A. 虹吸壺是利用水蒸氣的氣壓變化，熱水上升、下降的方法，將咖啡浸泡、過濾、萃取的一種器具。剛喝的時候，雖然很燙，但香氣豐富，最適合提升咖啡的酸味和甜味。而咖啡的尾韻長，也是其最大的特徵之一。以法蘭絨濾布過濾的虹吸式咖啡，口感柔和，喝到嘴裡感覺非常好。

Q. 作為咖啡專家，您認為虹吸壺的優缺點是什麼？

A. 萃取過程賞心悅目，光看就是一種享受，造型也十分優美。而且能以簡單明確的味道，提升精品咖啡的風味、特色，這都算是虹吸壺的優點。但缺點是，咖啡會受到虹吸壺攪拌技術的影響，而想萃取出口感穩定的美味咖啡，也需要一點技術。同時剛萃取出來的咖啡溫度非常高，小心燙口。

Q. 您日常使用虹吸壺的頻率如何？

A. 每週會用3次左右。

Q. 請介紹您的虹吸壺獨家配方。

A. 滾水160ml配15～16g咖啡粉,萃取量150ml,浸泡時間(第一次攪拌後,到第二次攪拌前)16～30秒。

Q. 除了以虹吸壺萃取單品咖啡之外,還有其他值得推薦的花式咖啡(various)或特色咖啡(signiture)配方嗎?

A. 咖啡粉杯裡加入肉桂粉,就能調製出一杯別具風味的咖啡。或者以果醬代替糖漿,放入2.5倍濃度萃取的肯亞冰咖啡裡,就能享受一杯甜蜜蜜的冰咖啡。

Q. 除了虹吸壺之外,您平時主要還使用那些咖啡器具?

A. 除了虹吸壺之外,我平時主要還使用法式濾壓壺和義式濃縮咖啡機。

Q. 咖啡對您的意義是什麼?

A. 代表衣食住行中的「食」,讓我有豐饒的感覺,是無可取代之物。

Q. 最後,請您向虹吸壺使用者們說一句話。

A. 虹吸壺的萃取法,一如義式濃縮咖啡般,萃取者的技術和用心會大大影響到咖啡的口感風味。萃取方法上雖然也存在困難部分,但相對來說,也能發展出無數的變化,是值得挑戰的一種器具。

咖啡豆命名法

選擇咖啡豆的時候，能提供參考的情報就是咖啡履歷，標示了最基本的情報，如產地、等級、莊園、加工方式、烘焙日期、烘焙程度等等。更詳細的，會連產地高度、品種、收穫年度、杯測筆記等等都記錄在內。最基本的咖啡豆命名法一定要知道，咖啡名稱裡包含有生產國、產區和等級，至少一定會有生產國名。一般來說，如果由國家來管理咖啡產業的話，大多省略產地，只標示國家的咖啡等級。我們常說的肯亞AA或哥倫比亞特級 (Supremo) 咖啡，就是典型代表性的例子。也有很多咖啡命名會將國名和等級中間加入產地名稱，例如衣索匹亞耶加雪夫 (Yirgachefe) G2、哥斯大黎加塔拉蘇 (Tarrazu) SHB等。也有不是標註產地，而是咖啡豆收購地或輸出地的地名，像是巴西山多斯 (Santos) No.2裡的「山多斯」，還有葉門「摩卡」裡的摩卡，都是咖啡豆集結出口的港口名稱。

也有以莊園名來代替等級的情況，這是省略等級制度，直接以莊園名作為咖啡豆名稱來銷售。基本上就算沒有標示等級，但能把莊園名當成商標使用的地方，都對自己莊園生產的咖啡豆品質很有信心。也有不標示莊園名，而改放大量收購咖啡豆，自行加工或脫殼的後製廠或合作社的名稱。

另外也有越來越多情況，是將咖啡競賽中獲獎名次放進咖啡豆名稱裡，代表性的例子就是卓越杯（COE，Cup of Excellence）名次。COE雖然是非營利團體，但競賽的主要目的還是為了在幫中南美咖啡生產國排定名次之後，進行競標。COE競賽會邀集各國裁判，經過嚴格審查之後，加以評分，排定名次，最後就開始競標。這時就會將名次和年度加入咖啡豆的名稱裡。這裡面雖然也有生產咖啡豆的莊園名，例如「薩爾瓦多/2015/COE第1名/Positos de San Ignacio（莊園名）」。最後也有烘焙廠或咖啡銷售業者將好幾種咖啡豆混合調配之後，再冠以固定的特調之名，或直接套用商品名稱。簡單地說，咖啡命名法的規則如下：

栽植國家＋（產地）＋等級

栽植國家＋港口＋等級

栽植國家＋莊園名或加工所

栽植國家＋年度＋競賽大會名次＋（莊園名）

栽植國家＋莊園名＋（品種名）

烘焙廠或銷售業者自行命名

ROK ESPRESSO MAKER
ROK手壓式咖啡機

「這是韓國製造的嗎?」

看到咖啡器具上寫著「ROK」字樣,O先生嚇了一跳問。不管怎樣在咖啡器具名稱上看到大韓民國的英文縮寫「ROK（Republic of Korea）」,多少都會有此想法吧。仔細一看,光滑的銀色器身,兩邊張開的手把,看起來就像一隻優雅的企鵝,讓人忍不住想一探究竟!

品名：ROK手壓式咖啡機 ROK Espresso maker

重量：1.8公斤

尺寸（長×寬×高）：210×130×290mm

1.**盛水器**：可裝約50ml水量的容器。

2.**手把**：雙手各握一支手把，先向上拉提後，再往下壓，在盛水器裡製造壓力。

3.**濾器把手（Portafilter）**：裝填咖啡粉的金屬濾杯，直徑約49.5mm。

4.**矽膠墊**：墊在器身和濾器把手接合的部位，當盛水器受到壓力時，矽膠墊上的
　小孔會使壓力變得更大，讓水壓分散到全部的咖啡粉上，使咖啡粉維持一定的
　受力。

5.**壓粉器／計量匙**：壓實咖啡粉的壓粉器兼計量匙。

ROK手壓式咖啡機的歷史

手壓式咖啡機「Presso」是由派屈克·杭特（Patrick Hunt）所設計出來的環保義式濃縮咖啡機。杭特是英國設計集團Therefore旗下設計師，這個集團與世界各知名大企業均曾攜手合作過。杭特在2002年著眼於咖啡在全世界的消費日增，想開發一款可以在家輕鬆享用美味咖啡的器具。而就在Presso上市10週年的2012年之際，杭特又推出Presso的升級版「ROK」手壓式咖啡機。ROK手壓式咖啡機不只有10年品質保證，還將壓力強度提升35%，奶泡器材質由塑膠改為不鏽鋼等等，以品質優於Presso自豪。「ROK」三個英文字母，不是什麼單字或句子的縮寫，而是品牌名稱。據公司表示，他們以「ROK」這個單詞，來表現以人力製造強大壓力的模樣。

The「ROK」樂團

為了配合「ROK」的產品名稱,為產品打響名氣,有一支名為「The ROK」的搖滾樂團誕生。他們所演唱的歌曲名稱為<One Squeeze(壓一下)>,從歌名就可以知道,內容描述ROK的使用法,強調只要用力壓一下就能品嘗美味咖啡,純屬典型的廣告歌。YouTube上面可以看到MV(https://www.youtube.com/watch?v=wapbMF7QIkc),可惜的是,這支樂團屬於宣傳用的短命樂團,唱完一首歌之後就再也不見蹤影。

環保低碳手動義式濃縮咖啡機

ROK的最大優點就是符合全世界環保趨勢,是一台環保低碳的手動義式濃縮咖啡機。無論何時何地,只要有熱水和咖啡粉,就能喝到美味的咖啡,因此深受環保人士和露營族的喜愛。所以連網路上專門販售露營用品的商城裡,也看得到ROK的身影。喜歡露營或擔心地球暖化效應的咖啡愛好者,ROK是不錯的選擇。

專業設計師設計的咖啡器具

令人聯想到企鵝的可愛銀色造型,和以匠人精神的手工拋光(Hand Polishing)技法所打磨出的高級光澤,就算是設計門外漢,也能感到受ROK優雅的質感。這是由優良設計師所設計出來的器具,兼具實用與觀賞的效果,囊括了2004年英國D&AD大獎、日本優良設計獎、英國設計作品獎。

上下有別

在一開始用的時候,很多人都會犯一個錯誤,就是把矽膠墊裝反了。仔細看的話,兩面中有一面孔較小,另一面孔相對較大,應該將孔小的一面朝下放置,才能產生較強的壓力,穩穩地將咖啡萃取出來。清洗後放置矽膠墊時,一定要注意區分上下面,正確安裝。

預備用品

熱水（攝氏90～95度，一份40ml，雙份80ml）、ROK手壓式咖啡機、研磨咖啡粉（研磨度：義式濃縮咖啡用，約16g/2匙）、馬克杯、義式濃縮咖啡杯、乾毛巾。

1. 將濾器把手放入馬克杯，再注入熱水溫杯。義式濃縮咖啡杯也同時溫杯備用。

2. 確認矽膠墊孔較小的一面是否朝下，正確安裝在盛水器下。再將濾器把手由右向左旋轉裝上器體正中央。

3. 上端盛水器裡放入熱水，再抬起兩側手把，緩緩下壓的同時，將溫杯用熱水排出來。以乾毛巾擦拭濾器把手。

4. 一旁備用的咖啡粉填入濾器把手中，以填壓器/計量匙將咖啡粉表面壓實。

5. 填入咖啡粉後的濾器把手裝回器身，下方放置義式濃縮咖啡杯。如果想看到濃稠的「克力瑪」，可以在杯下放托架，放杯子更接近濾器把手。

6. 注入所需份數相應的熱水量，如果想萃取雙份，水注入到盛水器1/3的位置即可。

7. 將兩側把手最大限度張開後，稍微壓下去一點。靜置10秒讓熱水能充分滲透進咖啡粉層裡去。

8. 然後再以20秒左右的時間，維持一定速度壓下兩側把手。再一次將把手往上拉提到最大，再快速下壓。等大片大片泡沫出來的時候，就表示萃取結束。

你們是親戚吧？

和ROK類似的環保手動咖啡器具中，還有愛樂壓。如果您有愛樂壓的話，不妨將愛樂壓的進粉漏斗插到ROK的濾器把手上看看，會發現兩者尺寸相符，簡直就像兩家公司攜手合作製造一般。利用愛樂壓的進粉漏斗，就能將咖啡粉乾乾淨淨地填進ROK的濾器把手中。

給我克力瑪！

大部分義式濃縮咖啡愛好者們，都對萃取咖啡時最後出來的那層金黃色泡沫十分敏感，想要濃稠的克力瑪，新鮮咖啡豆和器具預熱是最基本的準備工作。再來就需要符合義式濃縮咖啡的咖啡豆研磨度，和適當地壓實；不過用ROK基本配備的填壓器/計量匙要將咖啡粉壓實並非易事。想要更緊密地壓實咖啡粉，建議可以購買直徑49.5mm的填壓器。同時還可以在咖啡杯下面放一個托架，讓杯子盡量靠近濾器把手，就能一滴不漏地接收細緻的泡沫。

搭配的奶泡器是敗筆！

ROK的基本配備中，還有一個奶泡器，似乎是為卡布奇諾的愛好者所特別提供的配件，但感覺上他們似乎並未對奶泡器的設計花太多心思。因是不鏽鋼材質，使用時會發出刮撓金屬似的聲音，聽起來很刺耳。拆卸不易，清洗時很不方便，也直接影響到衛生的問題。對於沒有奶泡器的人來說，多了這一件當然不錯，但如果自己已經有了一台奶泡器，那麼ROK配備的這台奶泡器並不推薦使用。

1 價位

〔ROK手壓式咖啡機〕

台灣沒有代理商,在amazon上大約台幣5,000元(不含運費)可以買到。

〔消耗品〕

濾器把手咖啡粉槽:約300元。

濾器把手固定彈簧:約105元。

濾器把手手把:約450元。

濾器把手:約2,100元。

活塞/盛水器:約300元。

矽膠環:約180元(日用2〜3回的情況,壽命1年)。

零件組(活塞、盛水器、矽膠墊、矽膠環3個、雙噴頭、橡膠墊4個):約1,200元。

2 保管

嚴禁使用碗盤清潔劑,直接用水清洗就好,如果不得已必須用到洗劑,也一定要使用中性洗劑。清洗後必須晾乾,尤其是填裝咖啡粉的濾器把手,更要細心晾乾。偶爾最好利用硬幣將中央兩側手把接合的部位分解開來,把器身每個部位都仔細清洗一次;若使用時加壓卻無法萃取咖啡,則有必要更換矽膠環。

〔清洗〕

1.將濾器把手從器身拆解下來，倒掉咖啡粉殘渣。

2.在手龍頭下方將殘留在濾器把手裡的殘渣以水沖乾淨。

3.取下器身中央安裝濾器把手部位的矽膠墊，用水沖乾淨。可以從邊緣凹槽部分下手，很容易就能取下橡膠墊。

4.等水分完全晾乾之後再收起來。

「咖啡課題」咖啡館裡，使用過ROK手壓式咖啡機的5名職員所做的綜合評價。

使用便利性

■■■□□　3.2　加壓的力氣雖然因人而異，但任何人都能簡單使用。

清洗保管

■■■■□　4.0　雖然有幾個部位得拆卸，但一點也不用擔心破損。

享受樂趣

■■■■□　3.6　企鵝外型和雙手壓下去的動作很有意思。

經濟性

■■■□□　2.5　價格上會覺得有點負擔。

外型設計

■■■■■　4.6　閃閃發亮的光澤、張開翅膀時的威嚴！哇……真是帥氣！

推薦配方　　　　　　　　　　　　RECOMMEND RECIPE

單一產區冰拿鐵

使用淺焙單一產區（Single Origin）咖啡豆，雙份義式濃縮咖啡萃取後，倒入已經加了冰塊和牛奶的杯子裡，就能看到咖啡與牛奶混合而成的大理石花紋。單一產區咖啡豆的酸味和牛奶的香醇，可說是絕妙組合。

咖啡製程

購買咖啡豆時,仔細閱讀咖啡豆履歷,會看到「日曬(Natural)」、「水洗(Washed)」這樣的標示,說明了從咖啡果實到咖啡豆,中間採取了何種製作過程,咖啡果實有外皮,剝除後露出果肉,去掉果肉之後,就會看見包裹在半透明果膠層裡的帶殼豆(Parchment),去掉果膠層和外殼,最後剩下包裹在銀膜裡的咖啡種子,這才是我們想要的咖啡生豆。從咖啡果實到帶殼豆,再到最後的生豆狀態,中間的處理過程稱為咖啡製程(coffee processing)。咖啡製程對於風味的影響甚巨,在咖啡生豆履歷裡,通常都得註明加工者姓名或加工業者名稱,而好的處理廠往往成為左右生豆價格高低的因素,足見製程的重要性。

咖啡製程大致分為乾式(dry process)和濕式(wet process)。乾式一般是將咖啡果實鋪在空地(patio)上曝曬,靠著陽光的熱力曬乾稱為日曬法。因為是將整顆咖啡果實一起曬乾,因此在乾燥過程中果肉的味道會滲入生豆中,沖煮時會散發出濃郁口感和香氣,味譜比較多元,有人就喜歡日曬豆所帶來的味覺驚喜。露天曝曬的缺點是容易混進小石子或樹枝,造成乾燥不完全或不均勻的問題,也因此處理不當的日曬豆會有過度的發酵味。日曬法多半普及於缺水的地區,可省水,並省下了機器或設備成本。不過雖然成本低,但好的日曬豆要仔細照顧,其實更耗費人力。

乾式處理法中還有半日曬法（pulped natural）與蜜處理法（honey process），只去除果肉保留果膠層的狀態進行曝曬，變數會比日曬法來得少，也易突顯出討喜甜味與厚實的口感，也因此許多想走高階路線的咖啡農特意選擇日曬、半日曬、蜜處理等製程。乾式製程的缺點就是得花費很多的人力在乾燥和去除異物上，使得半日曬及蜜處理成為成本最高的加工方式。

濕式製程則是使用大量的水來去除果肉與果膠，優點是品質穩定均衡，風味乾淨不容易有瑕疵味。因為用水量大，所以濕式製程主要出現在水源豐富的地區或資本雄厚的大規模農場裡。由於製程會將咖啡果實的果肉及果膠層都去除，如果過程全都使用到水的話，就稱為全水洗法（full washed）；只有一部分的過程用到水，那就稱為半水洗法（semi washed）（半日曬法在碎漿過程中使用到水，因此也有人將之歸類到半水洗法）。半水洗法和全水洗法最大的差別，在於剝除果膠層時，前者是以泡在水池發酵靠化學變化分解果膠，後者則是使用刷子或機械來剝除果膠層。事實上，後製處理場在濕式製程中通常不太區別半水洗還是全水洗，常會有將「半水洗」直接標示為「水洗法」的情況發生。

肯亞的咖啡製程裡，會在基本的全水洗法中，再各增加一次發酵和清洗的步驟，以獲取更高品質的咖啡豆。而印尼則有自己一套獨特的半水洗法，稱為「濕刨法（Giling Basar）」。除此之外，也有很多地方會依當地環境或條件開發出獨特的加工法。

IBRIK 土耳其咖啡壺

「什麼～，咖啡占卜？這你也信啊！」

我向住在土耳其的A打聽伊芙利克土耳其咖啡壺的事情，沒想到聽到這麼一句關於咖啡占卜的評語，讓我深受衝擊，不過也知道這是理所當然的反應，雖然掃興，伊芙利克壺還是讓愛用者沉浸在金黃色異國風味的情趣裡，這就夠了！

品名：KALITA IBRIK土耳其咖啡壺1～2人份

材質：銅

尺寸（長×高×深）：225×182×80mm / 1,200ml

1.壺嘴

2.壺身

3.手柄

6~7世紀的時候，衣索匹亞的蓋拉族開始嚼食咖啡果實與煮草葉來吃；9世紀之際，波斯人煮咖啡果將果汁當成藥；到15世紀中葉，葉門開始流行起把果實內的咖啡豆經過烘烤之後，與果肉一起磨碎後烹煮，被稱為「咖瓦」，並流傳到土耳其，土耳其天氣比葉門炎熱，咖啡果肉不易保存，於是便以將咖啡豆烘焙後磨粉方式來煮咖啡。土耳其咖啡堪稱是最古老的萃取方式之一。

烹煮土耳其咖啡所使用的器具稱為伊芙利克壺（Ibrik）和切紫薇壺（Cezve）。嚴格來說，伊芙利克壺在土耳其語中，表示「盛水筒」的意思，是一種有蓋子，模樣接近長嘴壺的器具。切紫薇壺在希臘語中，是「燃燒的柴火/煤炭」的意思，是我們常見的純銅製造，附有長把手的小鍋。但國內在提到土耳其咖啡器具時，卻都統稱為伊芙利克壺。

© photo from Rose Physical Therapy Group

最早的混合式咖啡

最早中東一帶喝咖啡並不加糖,一直到16世紀中期後,土耳其人佔領了產糖的塞浦路斯島,貴族與有錢人才開始在咖啡裡加糖,除了砂糖,不同的國家會混入各種不同的辛香料,像是內桂、丁香等。如此想來,現今各種花式咖啡的始祖,其老祖宗可是土耳其咖啡呢!

© photo by Eaeeae, from wikipedia 'Cezve'

現代的伊芙利克壺

伊芙利克壺原本以導熱性佳的良質純銅製造,但後來,也出現了不鏽鋼或陶瓷等其他材質製造的產品。近來市面上更推出不只是材質,連造型設計都深具現代感的伊芙利克壺,熱源也從酒精燈擴展到瓦斯爐、登山用瓦斯爐、黑晶爐等等,甚至在土耳其還出現店熱水壺型態的伊芙利克壺,稱得上是一種以現代手法體現傳統精神的咖啡器具。

古老的咖啡文化

咖啡在鄂圖曼土耳其帝國時代,就已經扎根在土耳其人的生活中。當時的男人必須為全家人準備咖啡,這是身為家長的責任。如果沒能切實履行,妻子甚至有合法的離婚權利。貴族家中,有的還有專門烹煮咖啡的下人。接生婆也將咖啡作為減緩產婦陣痛的止痛劑。土耳其的準新郎父母會去拜訪準新娘的家,品嘗準新娘所烹煮的咖啡,以咖啡味道來決定是否允許結婚。「Cafe(咖啡館)」一詞的由來,最早也是來自於土耳其。1554年鄂圖曼帝國的首都君士坦丁堡,出現了一家以地毯、各種寶石和瓷磚所裝飾的「Kabeh」,專門烹煮土耳其咖啡販賣。「Kabeh文化」傳播到了歐洲之後,「Kabeh」就成了後來的「coffee(咖啡)」、「Cafe(咖啡館)」的語源。

牛奶鍋也好用

伊芙利克壺並不是太普及的咖啡沖煮器具,日製卡利塔公司出品的大約1,500元
起跳,較便宜的也要700～800元,其實如果不講究外型,坊間有可作為替代品的
器具,外型差不多的牛奶鍋(Milk pan)只要幾百元就買得到,缺點是容量不一定
合用。

對話的橋樑:咖啡占卜

土耳其咖啡通常會留下最後一口不喝,一般人也都對咖啡渣敬謝不敏,但土耳
其人卻把咖啡渣昇華成了一種文化,當咖啡剩下最後一口的時候,就在心裡邊想
著煩惱或想知道的事,一面慢慢搖晃咖啡杯,倒扣在咖啡盤上等杯子冷卻,接著
再將杯子翻轉過來,觀察杯中所殘留的咖啡粉圖案,藉此占卜。準不準是一回事,
對重視人際關係的土耳其人來說,咖啡占卜架起了一座很好的交際橋樑,提供了
對話的主題。

咖啡占卜

心形：愛情運勢佳，沒有對象的人會墜入愛河，有情人則終成眷屬。

也可能在工作上有好事發生。

鳥：從不遠的地方有客人帶來喜訊。

馬：未婚者會有好姻緣，已婚者會得到周圍人的稱讚。

魚：財從四方來，魚越大，金額越多。

烏龜：將認識美女或俊男。

大象：會得到好職位，並且在工作中交出好成績。

兔子：身邊將出現意外驚喜，因此要好好觀察周遭事物，

因為即將到來的驚喜需要靠注意傾聽有關。

尤其是學生或對學業有興趣的人，考試會有好成績。

數字3：事情會成功。

數字2：會發生不幸，或生病。

數字1：會得到愛情。

鴨子：又越來越多的財富送上門來。

駱駝：非常大的幸福，財富臨門，或有好人求婚。

貓：代表溫順，會認識聰明的人。

公雞：周圍有小人想在你和朋友之間挑撥離間。

狗：狗有42顆牙齒，所以許下的願望過了41天以後就會實現。

樹：樹是大地的裝飾、大地的衣服，對人而言，帶有整理外貌或時尚的意思。

因此必須注意時尚潮流，尤其是珠寶方面。

蛇：要努力找出潛藏在周圍的敵人。

道路：表示會擺脫困境，走向一條新的道路或光明大道。

線的長度，表示旅行距離；線的濃度和明顯度，表示旅行時間。

越濃的線，旅行時間越短，越淡或越不明顯的線，表示長時間的旅行。

*土耳其文翻譯——鄭惠準

要磨到麵粉的程度

以伊芙利克壺烹煮土耳其咖啡時，最需注意的就是咖啡豆的研磨度，幾乎要研磨到麵粉的程度才行。也就是說，使用手搖磨豆機或電動魔豆機的話，必須設定在最細的研磨度研磨。如果磨得不夠細，煮咖啡時泡沫就出不來。我的方法是以電動磨豆機磨到最細，再用手搖磨豆機研磨一次。

必買不可的物品

大部分伊芙利克壺的壺底尺寸都比一般瓦斯爐的爐架小，圓形爐架或四腳架可以讓你在烹煮咖啡的過程輕鬆的把壺放在爐火上。

伊芙利克壺用法示範

預備用品

伊芙利克壺、熱源（酒精燈＆打火機，瓦斯爐，電磁爐等）、咖啡杯、研磨度比濃縮咖啡還細的咖啡粉10g、淨水100g、砂糖10～15g、木製攪拌棒或小湯匙。

1. 咖啡杯中注入熱水溫杯後，再將準備好的淨水注入伊芙利克壺中，點火加熱。

2. 靜置1～2分鐘之後，將咖啡粉、砂糖等事先備好的辛香料或添加物放入壺中，再以攪拌棒均勻攪拌，使之充分混合。攪拌時不要太用力，以免味道太濃，輕輕攪拌即可。

3. 咖啡液體開始沸騰冒泡的時候，趕緊將伊芙利克壺從火上移開，以免液體溢出。過了大約10秒鐘，沸騰停止下來之後，再重新放到火上。

4. 重複 3 的過程約3到5次。

5. 關火，靜置約1分鐘，待咖啡粉沉澱下來。

6. 先倒掉咖啡杯中溫杯的熱水，然後緩緩注入咖啡，注意盡量不要帶入咖啡粉末。

土耳其人的私房配方

土耳其咖啡對土耳其人來說沒有什麼特別的固定配方或飲用法,伊芙利克壺的使用撇步就是「你高興就好」。自己想怎麼用就怎麼用,我曾經邀請土耳其友人烹煮土耳其咖啡,這位朋友就強調各地方、各個家庭烹煮咖啡的方法不同,因此按照自己配方所烹煮出來的咖啡,並不能代表典型的土耳其咖啡。她的萃取法是在伊芙力克壺裡依序放入咖啡粉、砂糖和水,用木製攪拌棒一面攪拌,一面緩緩注水,讓所有的材料都能充分混合。等咖啡煮滾,開始冒泡的時候,就將伊芙力克壺從爐子上拿下來,用湯匙撈掉上層泡沫之後,並在咖啡液裡加入荳蔻(Cardamom),就能感受與普通咖啡不同的特殊風味。

使用濾器

如果覺得咖啡粉渣喝起來不順口,可以使用濾紙或濾布來過濾咖啡粉渣。雖然要花時間過濾,但卻能享受口感乾淨的咖啡。

記得漱口保持形象

喝完土耳其咖啡之後,建議最好用水稍微漱漱口。因為偶爾會有咖啡細渣會不小心卡在牙齒和牙齦之間,看起來很不雅觀。

1 價位

〔伊芙利克壺〕

依製造廠商、容量的不同，價格多少會有差別，大約 700元～2,800元就能買到。

〔配件〕

圓形爐架　　60～150元。

2 保管

萬一壺身生鏽，可將小蘇打粉加水稀釋後拿布沾溼擦拭，鏽斑嚴重的話，可稀釋冰醋酸，拿布沾濕後擦拭。冰醋酸對人體有害，小心不要讓溶液沾到皮膚。

〔清洗〕

1.咖啡粉殘渣倒入垃圾桶內。
2.直接用手或用柔軟菜瓜布以水清洗壺身。不得已必須使用清潔劑時，請使用中性洗劑。
3.清洗後必須等到水氣完全晾乾才能收起來，不然容易生鏽。或者以乾毛巾擦去水氣更佳。

團隊評價　　　　　　　　　　　　　STAFF'S EVALUATION

「咖啡課題」咖啡館裡，使用過伊芙利克壺的5名職員所做的綜合評價。

使用便利性

■■■◧□　3.5　必須盯著咖啡沖煮的情況，以免咖啡液滿溢出來。

清洗保管

■■■□□　3.1　用水清洗晾乾就行。

享受樂趣

■■■◧□　3.2　如果靠口才能就編出咖啡占卜的話，那一定也能吸引到自己喜歡的異性。

經濟性

■■◧□□　2.4　其物以稀為貴，不是那麼容易買得到，價格也很昂貴。

外型設計

■■◧□□　2.6　簡單到像根勺子的古樸風情。

推薦配方　　　　　　　　　　　　　RECOMMEND RECIPE

將無糖土耳其咖啡，倒入放了土耳其軟糖（turkish delight）的杯子裡喝，嘴裡又甜又苦，充滿異國情趣。

新品咖啡豆

我喜歡旅行。每當我出發前往陌生的地方，會滿懷期待，也會心懷恐懼；可能會非常喜歡，也可能感到失望，喜歡的地方希望不斷造訪，不喜歡的地方發誓再也不去；有些地方必須支付昂貴的費用，有些則很便宜。哪個地方好，總得去過了才知道，一分錢一分貨的道理，不見得適用。原本以為自己常去的景點就是好地方，但越走越遠之後，才發現自己的眼界有多狹隘，這跟挑選咖啡豆好像啊，嘗試新品咖啡豆，就像出發到一個陌生地方旅遊一樣。

有的人喜歡挑選自己熟悉的咖啡豆，有的人喜歡到新的地方冒險，對咖啡師來說，品嘗新的咖啡豆，是為了拓展自己對咖啡風味的眼界，而且最好像寫遊記般的把感覺記錄下來，久而久之，你的心頭好會越來越多，在浩瀚淵博的咖啡世界，也會越來越謙虛。

1. 摩卡壺

價格	依材質、容量、品牌不同，價格約在1,300～3,000元之間。
咖啡濃度	濃（義式濃縮咖啡）
使用難易度	剛開始練習個一兩次，後面失敗的機率大概就很小。
評價／推薦	萃取濃縮咖啡器具中，算是價格最低廉的一種。雖然無法與咖啡機所萃取的完美義式濃縮咖啡相比，但對比器具的價格和技巧，還是可以喝得到不錯的義式濃縮咖啡。想在家品嚐義式濃縮咖啡或花式咖啡時，摩卡壺是最適合的器具。

2. 法式雙層濾壓壺

價格	依外型設計、容量、品牌不同，價格約在900～5,700元之間。
咖啡濃度	濃
使用難易度	只要把握好咖啡豆研磨度和萃取時間，就能簡單上手。
評價／推薦	可保存咖啡原始風味，感受到咖啡的濃醇香和稠度。使用法和保管法都很簡單，唯一美中不足之處，就是萃取後咖啡液裡會夾雜咖啡粉細渣，偏好喝到乾淨無雜質咖啡的人，要多考慮。

3. 愛樂壓

價格	1,000元左右。
咖啡濃度	可依個人意願，按照不同的萃取方法，從義式濃縮咖啡到淡咖啡都喝得到。
使用難易度	基本使用法雖然簡單，但還是需要多練習幾次，才能萃取出自己想喝的咖啡風味。
評價／推薦	最適合個人使用的產品，可以依心情調製各種不同口味的咖啡。攜帶方便，造型輕巧，可說是最佳隨行夥伴。

4. 手沖滴濾壺

價格	濾杯：依材質、容量、品牌不同，價格約在180～2,700元不等。 咖啡壺：依容量大小，價格約450～750元。 細口壺：依材質、製造廠商不同，價格約1,050～9,000元不等。
咖啡濃度	適中／清淡
使用難易度	萃取方法本身很簡單，但想時常沖煮出口感一致的咖啡，則非易事。萃取方法不同，咖啡口感也有很大的差別。
評價／推薦	依萃取者個人意願，口味上可以有諸多變化。如果想連細口壺和咖啡壺之類的用具全都購買的話，費用不貲。但一開始只買濾杯和濾紙的話，就能以最低廉的價格，走進咖啡殿堂。

5. 手沖濾壺（CHEMEX）

價格	經典款／玻璃握把款：1,800元～2,400元（依容量大小，價格各異）。 經典手工吹製款：3,600元～4,200元（依容量大小，價格各異）。 CHEMEX專用濾紙：100枚350元。
咖啡濃度	適中／清淡
使用難易度	萃取法很容易，因為濾網與CHEMEX本身模樣的關係，即使萃取者不同，咖啡口感的差別也不大。
評價／推薦	雖然擁有造型摩登、萃取口感一致的優點，但玻璃材質難免容易破損，要小心保管，價格稍貴，風格優雅。

6. 法蘭絨濾布

價格	濾布＋濾架＋專用咖啡壺：約1,200～2,200元。
	濾布＋濾架：約350元。
	濾布：約400元（3入）。
咖啡濃度	適中／清淡
使用難易度	只要懂得掌握注水時的水流，一點都不困難。
評價／推薦	老前輩們最喜歡使用的咖啡萃取器具，可以感受到咖啡油脂特殊的柔軟和層次豐富的稠度，這是使用濾紙時所無法感受到的。有興趣挑戰者，不妨一試。熟悉現有手沖方式的人，必然能在法蘭絨濾布中體驗新的咖啡世界。

7. 越南滴滴壺

價格	一人用約100～600元。
咖啡濃度	濃
使用難易度	只要研磨度適當，就能輕易萃取。
評價／推薦	和法式濾壓壺一樣，咖啡油脂和咖啡粉渣會混雜在咖啡液裡，不是很爽口，但相對地能感受到咖啡的原始風味。適合添加煉乳、牛奶、糖漿等的花式咖啡變化。

8. 冰滴壺

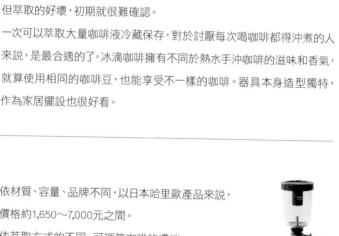

價格	點滴式冰滴壺依材質、容量、製造廠商的不同， 價格有很大的差別。 小容量實惠款冰滴壺：約600～1,400元。 小容量高級款冰滴壺：約2,500～5,000元。 中容量高級款冰滴壺：約4,000～12,000元。 大容量高級款冰滴壺：約10,000～60,000元
咖啡濃度	依萃取方式的不同，可調節咖啡的濃淡。
使用難易度	基本上這是一次要花很多時間，萃取出大量咖啡液的方法， 需要事前準備工作。 咖啡萃取時間很長，比起其他萃取方式，相對來說較不受變數的影響， 但萃取的好壞，初期就很難確認。
評價／推薦	一次可以萃取大量咖啡液冷藏保存，對於討厭每次喝咖啡都得沖煮的人 來說，是最合適的了。冰滴咖啡擁有不同於熱水手沖咖啡的滋味和香氣， 就算使用相同的咖啡豆，也能享受不一樣的咖啡。器具本身造型獨特， 作為家居擺設也很好看。

---

9. 虹吸壺

價格	依材質、容量、品牌不同，以日本哈里歐產品來說， 價格約1,650～7,000元之間。
咖啡濃度	依萃取方式的不同，可調節咖啡的濃淡。
使用難易度	熱源使用酒精燈的情況很多，要特別小心注意。
評價／推薦	咖啡燒煮狀態下，攪拌咖啡液時，攪拌棒難免會碰到玻璃 器壁，要特別小心。只要懂得掌控影響咖啡口感的變數，就 能出乎意料地享受各種不同的咖啡。

10. ROK手壓式咖啡機

價格	約165美元。
咖啡濃度	濃（義式濃縮咖啡。）
使用難易度	只要注意咖啡研磨度和溫杯，就能喝到美味的咖啡。 當然，還得付出少許臂力才行。
評價／推薦	如果買不起義式濃縮咖啡機，卻又想品嘗真正的義式 濃縮咖啡，那麼這一台器具值得推薦。器具本身造型有趣，足以達到家 居擺設的效果。

11. 土耳其咖啡壺

價格	約700～2,800元之間。
咖啡濃度	濃
使用難易度	只要注意不要讓咖啡液煮到沸騰外溢，使用起來很簡單。
評價／推薦	咖啡細渣多，口感不佳。濃度太濃，習慣美式咖啡或手沖滴濾咖啡的人， 可能難以適應。如果是喜歡義式濃縮咖啡的人，可以品嘗看看。

圖片來源

023 p　咖啡豆的保存
photo by kris krüg, from flickr
https://goo.gl/f8Mrxp

028 p　法式濾壓壺
photo by kris Atomic, from flickr
https://unsplash.com/photos/3b2tADGAWnU

029 p　法式濾壓壺
photo by Bryan Mills, from flickr
https://goo.gl/sEkaXl

051 p　愛樂壓
photo by Roland Tanglao, from flickr
https://goo.gl/EJgcNW

066 p　手沖滴濾壺
photo by yoppy, from flickr
https://goo.gl/ydd8vH

086 p　CHEMEX 手沖濾壺
photo by Ty Nigh, from flickr
https://goo.gl/ycLrQL

088 p　CHEMEX 手沖濾壺
photo from amazon.com 「Diguo」

095 p　CHEMEX 手沖濾壺
photo by Yara Tucek, from flickr
https://goo.gl/m0Y0UO

128 p　越南滴滴壺
https://www.flickr.com/photos/
aschaf/5678884827/in/photostream/）

155 p　虹吸壺
photo by Nan Palmero, from flickr
https://goo.gl/rjAoB0

196 p　伊芙力克壺
photo from Rose Physical Therapy Group, flickr
https://goo.gl/1PaGPu

197 p　伊芙力克壺
photo from Wikipedia 「Cezve」
https://en.wikipedia.org/wiki/Cezve

205 p　伊芙力克壺
photo by Maxpax, from flickr
https://goo.gl/H0QKnD

家用咖啡器具簡史、沖煮、保養指南
커피툴스 : 당신이 알고 싶어 하는 커피도구에 관한 모든 것

作者	朴成圭 (박성규)
	Samuel Lee (이사무엘)
譯者	游芯歆
責任編輯	莊樹穎
封面設計	頂樓工作室
版面構成	陳欣伶
行銷企劃	洪于茹
出版者	寫樂文化有限公司
創辦人	韓嵩齡、詹仁雄
發行人兼總編輯	韓嵩齡
發行業務	蕭星貞
發行地址	106 台北市大安區光復南路202號10樓之5
電話	(02) 6617-5759
傳真	(02) 2701-7086
劃撥帳號	50281463
讀者服務信箱	soulerbook@gmail.com
總經銷	時報文化出版企業股份有限公司
公司地址	台北市和平西路三段240 號5 樓
電話	(02) 2306-6600
傳真	(02) 2304-9302

第一版 第一刷 2017 年 9月 15日
ISBN 978-986-94125-2-0
版權所有 翻印必究
裝訂錯誤或破損的書,請寄回更換

國家圖書館出版品預行編目 (CIP) 資料

家用咖啡器具簡史、沖煮、保養指南 / 朴成圭, Samuel Lee著 ; 游芯歆譯. -- 第一版. -- 臺北市 : 寫樂文化, 2017.09
　　面 ;　公分. -- (我的咖啡國 ; 4)
ISBN 978-986-94125-2-0 (平裝)
1.咖啡
427.42　　　　　　　　　　　　　　106001546